一斤包甜
65元
1斤20元
臺中市第二市場
百年經典 歷久

黃金蕎麥
黑糖糙薏仁
十方富貴

台灣地圖 042

台灣味菜市場

28座台味菜市仔

楊路得／著

晨星出版

【名家推薦】

台灣味菜市場

我熱愛旅行，不論走到哪裡，最愛逛的始終是傳統市場——那最接地氣的所在。市場裡沒有浮華，沒有裝腔作勢，卻有很多實實在在的人，在過著實實在在的日常生活。

市場像一扇窗子，讓從外地而來的旅人，得以從人們的舉手投足、言語談笑間，窺見當地日常生活的樣貌；從市場上的農產、美味、各色日常用品和衣物等，嘗到大地的滋味，感知季節的流轉，體會到常民的美感與文化。

我旅居荷蘭期間，寫過一本歐洲市集的書，有幸得到不同地區華人讀友的喜愛。可惜歐洲畢竟不是我的家，歐洲的市場再怎麼美好，終究不是「咱的菜市仔」。因此，我一直在等一本書，希望有人能用流利的文字和具體的影像，將我們這個島嶼從南到北、自西往東的特色市場，好好地爬梳一番，為它們留下應得的紀錄。

而今，欣見這一本書問市了，那就是楊路得的《台灣味菜市場》。

——**韓良憶**（生活美食家）

每處傳統市場都是地方生活博物館

每處傳統市場都是一座地方生活博物館，也是蔬果探險和飲食風物的大驛站。作者像愛麗絲夢遊仙境的主角，不斷地走進這個熱鬧流轉的繁華世界。那兒真是歡暢、愉悅的天堂，說不定也是舒壓、慰藉的聖地。她都全然接受，快樂地在裡面迷路，也一直保持這樣走失的快樂。

——劉克襄（生態系自然人）

【推薦序】流連忘返的好味道

逛市場是我最喜歡的小旅行，到世界各地每座城市都喜歡逛市場，特別是不同城市的菜市場都有不同的風景。

平日在台灣，有機會出差，駐足小城市就得逛一回市場吃一頓小吃，才會心甘情願的回家。

初讀本書，很開心作者路得和我是同一星球轉世，從歷史小典故到市場座標、故事，吃食隨手拈來都充滿滋味，別人追星，作者十足是市場老靈魂，由北到南，二十八個市場如同指南寶典，最後更貼心附上導覽路線，吃飽看足了再滿手好菜回家。

和我逛過市場的朋友，最了解我為什麼一到市場就被附身，試吃、掃貨，外加和賣菜的阿伯大媽搭訕最來勁，看來作者也是箇中高手。坐火車換客運，都有使命必達的任務，也有顆八卦心，短短章節裡看得出像法國策展人的牛肉姐姐，或是從桃園到竹南來賣自釀醬菜的妹妹，當然書中少不了每座市場中的靈魂人物。

賣魚夫妻、切肉大叔，各有各的風格，從海口腔到客家腔，市場就像個大舞台，買菜賣菜的個個有型有款，生鮮菜圃幾乎都投入市場了。大家逛得開心，買得有趣，老闆們也各擁死忠客戶。作者善於耳聽八方、察言觀色，才能在每位菜販、老闆那裡挖掘私家料理——比如跟當歸、黃耆、枸杞、紅棗等中藥材一起燉煮，起鍋前加點米酒的虱目魚；或是羹類、燻味肝膽、臘肉，以及卜肉、糕渣、龍鳳腿等炸物好吃的祕方。

跟著路得逛市場，伴隨著陳明章的歌聲至新竹，傾聽林生祥的心情逛美濃，走進黃春明筆下的羅東；還有品嘗古早味的「蟳丸」……

本書擅於挑逗味蕾與悸動的心，不安分的人務必緊跟書中腳步，一同尋寶去吧！

——**張典婉**（資深媒體工作者）

CONTENT

獻給
全台灣的市場人
因為你們，
我們便得飽足。

PART 01

【自序】潮溼地帶：千味夾雜的國度

有次整理資料時，無意中讀到一段文章。一八九五年，三十四歲的佐倉孫三搭乘「橫濱丸」來到台灣擔任「警視」（中階警官）一職。因職務關係，走遍台灣，北到大稻埕，南至高雄，東走羅東，西遊澎湖。一九〇三年，他回到日本，寫了本《臺風雜記》。一九一〇年，他又從「征番軍」再度來到台灣，從事番地調查。《臺風雜記》裡記錄一段對於台灣人的觀點——「台人急於生理，殖利之事，莫不講究，如市場最為然。」

當看到這段話時，我不禁感到心有戚戚焉。一百年前佐倉孫三這名日本人就已看透台灣人「拚經濟」的精神而加以記載，而台灣人也確實自那百年前，便急於脫困，澈底落實「愛拚才會贏」這句話。

執著、刻苦、不怕人笑、跌倒了又站起來。我想除了食材自身的學問，這也是為何我會在市場裡學會這麼多事的原因。

走進市場，剛開始可能會不習慣。極為昏暗的場所，靠兩旁攤販的黃色燈泡打光。地板是永無止境的鋪上一層水膜，伴隨著各種生肉、鮮魚以及腐朽的氣味。走道狹窄無比，常被人撞來撞去，有時冷不防還會被飛來的鱗片噴到，如果你正經過殺魚攤販旁的話。

當我還是小女孩的時候，我就將市場裡的潮溼地帶視為畏途。我總

彩虹般的新鮮水果、時蔬，
向所有人招手，
此地是美食的國度。

潮溼的市場地板，魚貨在旁，
不潮溼也很難

是提心吊膽、踮著腳尖、躡手躡足的前進，深怕不知何時會踩到髒東西，但年紀稍長時，反而對這些有了不同的見解。從最早期先民的以物易物，商業貿易行為便悄悄定型。市場，是經濟體系中雖小額，但也最赤裸裸的一塊，供需問題每天完全透明。市場人的勤奮努力，吃苦當吃補，也處處可見。一個地方的市場，連結日常生活的一部分，它是那個地區家家戶戶廚房的延伸，你能看見當地的飲食習慣所需要的物品；那亦是經濟之外，另一個文化縮影。更甚至，你能發現代代相傳的手藝，走過一甲子或兩甲子的歷史軌跡。市場，它代表的正是普羅大眾最原始的根基。

有人考古，有人捍衛老樹、老厝。但其實我們的身邊，有個不曾乾涸的潮溼地帶，是個搭乘時間之河的流動饗宴。這個潮溼地帶，是個擁有千味的國度。從我們的祖母、曾祖母開始便已存在。它以各種姿態、百變的味道，餵飽了所有當地的居民、滋養每個人的身心靈。透過飽足，人類得以從事許多成就事蹟，並帶領整個群體跨越日新月異的新世紀。當你穿梭在此潮溼地帶，所走的每步路，也將與百年前上市場買菜的廚娘們一樣，挑選食材，然後帶回家煮飯。

市場的魚貨從這裡開始

白蘿蔔除了煮湯、生食，還能做成醃蘿蔔

我在這裡學會很多做菜祕辛與撇步。學會不同部位的肉品，用在煎、煮、炒、炸時該如何呈現，學會分肉與殺魚，也學會以嗅覺、視覺、觸覺來選購食材，最後再以味覺評定總分。我還學會做蜜餞、果醬。配壺伯爵茶，來幾塊純手工餅乾，一場英式下午茶始告誕生。抑或調成俄羅斯紅茶，以文火煮著，也清新甜香的不得了。

我，很留戀這個潮溼地帶，熱愛這條流動的饗宴，醉心於它在時間之河裡所印下的點點滴滴，我更眷戀不同地區市場所呈現的千變萬化的滋味。為了這趟饗宴，我把這些市場，重新回顧走過一遭。不同的是，這回我要邀請你，跟著我的步伐，走入鐵厝、窄道；走進人聲吵雜、不曾乾涸，夾雜著千味的國度。也許有點凌亂，也許還能聽到一、兩句鄙俗的粗話。但這絕對是個充滿歷史足跡，記載飲食風情的文化寶庫。

潮溼地帶。等你來。

100
120

你我的生活，來去逛菜市仔

PART 02

菜市仔
是日常，是玩味
是市井小民的故事底蘊
每句震耳欲聾的叫賣聲
都是情感加溫的共振音符
好讓酸甜你我的滋味
伴隨蔥薑蔬果，以及更多
提味的人情

基隆

仁愛市場

Keelung

北

那年，多雨的哈瓦那

「這是生的嗎？」
「完全生的，但要看你敢不敢吃！」

曾經一度，想入住基隆。在基隆港沿岸地帶，瀏覽過些房子。有那麼一回，看房子看到八斗子漁港，我記得那次從火車站坐一〇三號公車，車子一直開一直開，沿著擁有大船風光的港口跑了一段路，經過市政府、中船路、基隆海事、海洋大學，才抵達目的地。到站後，遠遠看著那棟大樓。一路走上坡，爬啊爬，氣喘吁吁的，本以為到了。但眼前卻是不知幾層的階梯，想起未來的日子，馬上當場軟腳。我們就這樣坐在路旁，不發一語。看著這裡的住戶進進出出，望著北方大海，想著基隆的生猛海鮮，過了幾十分鐘，才折返歸家。

去基隆看房子那年，我們住在宜蘭，前前後後跑了基隆好幾回，有時觀光、有時找屋。我們曾坐過區間電車，經過頭城、龜山、大溪、福隆、貢寮、三貂嶺等，再至八堵換車，約八至九分鐘車程即達基隆。也有自行騎機車，走台二線，由北部濱海公路前往，單程約七十二公里，慢慢騎，得騎上兩個多小時。時程雖然久，但從壯圍的海邊，繞過頭城、貢寮，及至瑞芳，途中你還能進入九份黃金山城，體會那滾滾金沙的流金歲月，最後騎到基隆。整條台二號海岸線，美得讓人想掉眼淚；我尤其最愛看黃昏時，漸層彩霞下的龜山島，那提醒著我，宜蘭到了，

基隆繁忙的街道

基隆有許多舊大廈

就快到家了。基隆在我心中，長久處於不凡的地位。這座城市，經年有綿綿細雨，冬春之際，港邊伴有大霧，固流傳有「霧鎖雨港」之說。城內多丘陵，少平地，所以許多房子都位在有角度的山坡上。基隆北面東海，是台灣最北端的都市，早在數百年前十六世紀的大航海時代，便處於福建至那霸的航道之中。十七世紀時，西班牙人與荷蘭人前後來到基隆，十九世紀英法聯軍之鴉片戰爭，基隆隨淡水開闢通商口岸，而後在中法戰爭時，法國人更是以基隆為地理上的戰略性跳板。

當這些老外走了，日本人又來了。日本人將基隆當作日本與台灣的轉運站，開始大工程築港，規劃市區街道，到日治時代後期時，基隆聚集了約四分之一的日本人，也因此，在太平洋戰爭中，首當其衝成為美軍轟炸的目標之一。當國民政府來台，美軍開始駐紮，美國大兵現身於港口巷弄酒吧之中。一九六五年，好萊塢電影《聖保羅砲艇（The Sand Pebbles）》到台灣的龍山寺、淡水與基隆港取景，基隆港預表的正是中國的上海灘，講述的是一九二〇年美國砲艇在中國內地發生的故事。當時拍攝時因基隆位處東北季風多雨、海上風浪過大，造成拍攝進度延誤，於是這群從好萊塢來的美國人還幫基隆取了個名稱——「多雨的哈瓦那」。

日治時期的基隆港

哈瓦那，是古巴的首都。在那時美國人的眼中，基隆，正像極了華麗年代下的哈瓦那。天然的港口、無垠的海邊、舊城區的巷內曲折。於是乎，當他們飄洋過海來到基隆，便對此地有了遐想空間，並與中美洲的哈瓦那做了連結。而如今的基隆港，因著幾百年來陸續到訪的西班牙人、荷蘭人、法國人、日本人與美國人，融和了濃得化不開的西方味；小而美的咖啡店林立，提供純度相當高的咖啡；調酒酒吧，聽說正統經典，也常有驚豔之處。基隆，像只調色盤，點出七彩奪目的色調。

跑基隆的那年，除了很愛喝那裡的咖啡，港邊巷弄、田寮河岸也有許多令人流連的小吃。橘紅色醬汁下現炸皮Q的肉丸，加上魚丸及大腸蒜泥的麵線羹，呈現道地風情的基隆味。孝三路的大腸圈，去吃了好幾次，那裡的糯米腸、豬心、豬肺、香腸、脆腸等，是基隆人的下午茶點心，提供外帶的多；不過外客如我們，無法等到帶回家，就常倚在牆角，大口囫圇吃了起來。基隆的廟口，大家熟悉得不得了：天婦羅，含了各種甜不辣，以及福州師作法的油豆腐，魚漿滿滿的內餡；鼎邊銼，將米食與海鮮結合，再加點高麗菜點綴；肉羹、滷肉飯以及切成一片片，滿是漿汁的燙魷魚等。

基隆仁愛市場外觀

除了街坊美食，緊鄰廟口夜市的仁愛市場也是我的必訪勝地。根據史料記載，一九〇九年尚處日治時代便有了仁愛市場。當時日本人將市區規劃成格子狀街廓後，便著手劃分行政區，仁愛市場位於福德町二丁目與三丁目中間，屬台灣人市集生意之集散地，而過了田寮河義重橋之哨船頭，擁有了茶館、服裝店、西服、西餐廳、麵包店，甚至官方的警察署、台銀支店、台灣總督府立基隆醫院、神社，此區是義重町，主要為日本人活動所在。

仁愛市場分為一、二樓：一樓是傳統的生鮮蔬果，二樓則為美食天堂與美容美髮、流行服飾等商家，三樓以上乃國宅住戶。每次走訪這個市場，我最愛看這裡的海產。集東海、太平洋與台灣海峽的鮮魚於一身的仁愛市場，不同月份出海進行海釣的魚種也大為不同。比如每個月都能釣到的錢鰻、黑格、白毛、臭肚、軟絲、水針、豆仔魚、黃雞魚、煙仔虎等；只有夏天才有的飛魚、透抽；秋天專屬的白鬚公、青鮒，以及冬令時分的馬鞭魚、赤筆仔，也常到二樓去大啖生魚片以及鯊魚煙。

事隔數年，重回基隆拍攝照片時，往事悄然爬上心頭，我依循記憶的路走著，過去與現在的畫面時常發生重疊，讓人得耗些時刻分辨今昔。再次走到仁愛市場，建築仍是老舊，但卻讓人一眼認出。入口處的炸魚丸、黑輪、魚捲、肉捲與炸鰻魚等眾多攤位正大排長龍進行中；L型的菜攤應有盡有，旁邊的菜販阿姨，本來正和客人聊著天，看到我時，直叮嚀道：「ㄟ！要拍漂亮一點內。」

市場裡可感受到人與人之
間溫暖熱情的氛圍

基隆港旁凌晨營業的
崁仔頂漁市

鱸魚、黃魚與加蠟魚

仁愛市場內 D 區景象

走入場內，有間很搶眼的水產店。藍色閃亮的盒子，打著氧氣的箱子，一個老太太熟練地理貨，她高挑能幹的女兒手快腳快，與我解釋每種水產，一會兒又忙著處理每個客人的買賣。

「老闆娘，這怎麼賣？可以買一隻嗎？」

「老闆娘，這是魚卵嗎？」

「老闆娘，我要這個一斤，那個也要一斤。」

「老闆娘……」

我在旁稍候了會兒，隨即她說著：「我先去送貨一下，不好意思喔！」其實是我有點不好意思，因為別人都來買貨，只有我問東問西，對什麼都好奇。

此時，老太太理貨完走出來，我看到幾缸醃好的海鮮，上頭寫著鳳螺、淺井、白帝、鮑魚、九孔，我等不了，就改問起老太太。

「請問這個是什麼呢？」我指著其中一缸，不解地問著。

「石頭蟹。」老太太說著。然後取了一只塑膠袋，抓了一隻，放在我手上。「來，給你。你吃吃看，我不是要你買的，是要請你的。這食物看人吃，喜歡的人很喜歡，若不喜歡勉強也沒用。」

我注視著這隻小螃蟹。心想，「怎麼吃啊？」於是又發問。

「請問這是生的嗎？」

「完全生的，但要看你敢不敢吃！」此時老太太的女兒回來了，接著話說。

我又看了幾眼小螃蟹，決定試試看，當場咬下去，這味道果真是極品啊！全然顛覆我的想像，正港的海洋滋味。

「太棒了，我想要買。」我睜大眼睛，跟她說著，而後頓了會兒，「但我可能到家時已是晚上。」

她停下手邊的工作。「因為是生的，」若有所思的樣子。「那你先去逛逛，最後有決定要買時，我再幫你放冰塊打包。」

我道謝，逛起市場內其他攤販。有年輕妹妹的菜販，絲瓜、萵苣、玉米、菠菜、白菜、青椒、大陸妹等，也有豆干、筍絲之類的食材；還有另一個明眸皓齒的美女在賣魚貨，她繫著馬尾，有著亮麗青春的笑容。我想大家應該都相當喜愛到她那兒買魚，因為光是看到像這樣雙十年華的美女，整個早上都能感到活力飛揚、輕快非凡。

菜販妹妹正與客人交談著

菜販妹妹附近，還有個魚攤。老闆將鮮魚置於碎冰當中，像冰雕，也像被海浪推擠上岸的魚隻，我看著直覺此乃裝置藝術，便開玩笑地問魚攤老闆：「哇！好棒的擺設。請問擺這

剝皮魚與白帶魚

魚攤老闆的裝置藝術

樣代表你們只賣這五種魚嗎？」我認得這幾隻魚，有白鯧、紅目鰱，紅黑色那隻應該是笛鯛，再來是馬頭魚及銀白色亮晶晶的白帶魚。

老闆被我逗笑了，「沒有啦！有什麼魚就擺什麼魚。那是今天進貨的，正新鮮呢！」確實，魚兒看來鮮味了得。我想如果以薑絲、米酒清蒸白鯧；紅目鰱去皮後煮湯；馬頭魚蘸點醬油、蒜頭做紅燒；白帶魚切成段，一塊塊小火油煎；笛鯛以鹽漬慢烤。哎呀！整桌澎湃的魚料理，大家一定能吃到「嘴笑目笑」。

下一攤，又是魚販。這位大姊，她可忙得很，一尾接著一尾魚，去鱗片、除內臟。她擁有整攤的鮮魚，每種魚擺個五隻，光是種類大概就有二十種以上，舉凡石斑、吳郭魚、鱸魚、象魚、油帶等。看到我時笑開了，對我說：「要拍什麼都可以，盡量拍，我也可以讓你拍喔！」

除了魚貨，還有幾家肉販。但感覺上肉類不像我在南部市場看到的，整排放到幾乎密不通風的豬肉，還有好幾個工作人員在後頭切肉分肉。或許基隆人還是以吃海鮮為主，故供應量不大，但這兒卻有間擁有透明冰箱的肉攤，肉攤太太正低頭切著韭菜，準備等下現包豬肉水餃，前面有盤煮好的水餃供客人試吃，旁邊則是新鮮豬肉，在冰箱裡低溫冷藏著。看你需要哪個部分的豬肉，若喜歡了，就可進行選購交易。

我問著她：「請問你們的豬肉打哪兒來的呢？是基隆這裡的嗎？」

她一手握著整把綠油油的韭菜，抬頭起來看著我，「基隆這裡沒有豬肉，所有的豬肉都是從苗栗來的。因為天氣太熱了，我用冰箱能保持肉品鮮度呢！」

市場逛了好久，我搭手扶梯到二樓。這層樓層開放冷氣，讓你吃起飯來可以悠哉悠哉。壽司店、水餃店、鍋燒麵、小吃攤，還有久違的鯊魚煙。我曾在這裡，點著整盤的鯊魚煙、旗魚煙、曼波魚煙以及魚卵，外加生魚飯，極為豐富的一餐。除此，我特別注意到這裡自助餐的菜色，還挺驚人的，剁成一塊塊的油雞、海產店等級的芹菜炒花枝，說到那花枝，大片而厚實，想必咬入口一定能豪氣千秋的；蔥油小卷，有著淡淡的棕色醬汁；再來是豆腐鯊，天啊！這裡的自助餐竟然就能看到豆腐鯊料理。

在市場裡流連徘徊，恨不得有只冷藏庫，把可以裝的全部帶回去。就在要離開市場之前，我決定重返那間水產店，買些生螃蟹回家，既然那位女兒說有辦法讓我晚上回到高雄時都好好的，那麼我不妨一試。

我走到水產店。這時剛好沒人，太好了。「老闆娘，我繞了又繞，

二樓美食街有湯麵、牛肉麵與其他小吃店

鯊魚煙、魚卵、曼波魚煙

九十多歲的老婆婆，迄今仍在市場賣魚

醃漬石頭蟹

還是想買你們家的水產帶回家。」我表達了我的決心。「我要鳳螺、淺井、白帝，三個都要。」

那女兒隨即轉過頭來，馬上意會過來，「好，沒問題。我一定會幫你處理得很好。讓你晚上到家都還新鮮的很。」

接著她很快地動起來，舀了一匙螃蟹，秤著重。「這是海裡的嗎？」我指著小螃蟹問著。

此時老太太走過來，也幫忙裝袋，「這是海裡野生的小石頭蟹。」她仔細告訴我。「從前物資較缺乏，在海上有什麼抓來就吃了。這些小螃蟹有的是收網時附在上面的，有的是海洋暗礁石頭上的。抓來的時候就急速冷凍。漁民回來的時候交給我時，我就趕快進行醃漬。還有那淺井也是啊，其實都沒什麼肉啦！吃氣味的啦。」

「這就是人家配燒酒時吃的，有沒有？」老太太的女兒在旁邊補充。「吃氣味配燒酒啊。」我複誦著。想到剛剛從車站走過來時，好幾家小吃攤內，都有幾桌客人，一桌的小菜，幾個綠色的啤酒罐，他們看來聊得挺開心，一口啤酒、一口料理，從午後就開始「港邊的盛宴」。

「我媽做這個料理啊，真的是不惜成本的。酒啦！蒜頭啦！放一大堆。剛剛就有人來買走一千多元的石頭蟹。」她繼續說著，拉回我的思緒。

「那老媽媽做很久了嗎？」我問著。

「呵呵呵，我已經八十多歲了，我看都已經做了六十幾年了。」

「不只啦！我媽從七、八歲就在港口幫忙了。對了！小姐你等我一下，我到樓上拿個結凍的寶特瓶冰給你裝，保證有效。」我看了下手錶，我的火車要開了，那女兒一溜煙就不見身影，於是我在攤前候著，等了許久，我下意識感到焦慮，深呼吸幾次，心中禱告著我不會遲到。為了這些正港基隆人配燒酒、吃氣味的特色小吃，我賭上寶貴的時間。

等到她終於現身。「來，我告訴你，我用報紙，還有這個寶特瓶幫你包著喔。不會錯的，這樣可以保溫很久。」我接過袋子，急急忙忙將包好的水產放進背包裡。「要記得喔，放冷凍，吃多少，解凍多少。」她叮嚀道。

我致上謝意，飛快地衝向車站，到月台後一腳跨上火車。還好，時間仍然充裕，隨後不久，火車終於啟動。

再見了，多雨的哈瓦那。我抱著那袋稀有的石頭蟹。再見！那年，跑基隆的點滴，以至今日，在市場裡暖心的一切。我靠在火車的椅背上，望著窗外不斷劃過眼簾的山丘，以及那建築在山坡上的民房，「多美麗的地方啊！有山、有城、有港。全融在霧濛濛的雨絲中。」我不禁會心一笑，「能認識妳，真是何其有幸啊！」

如何抵達　基隆仁愛市場位於愛三路上。距離台鐵基隆站只有 750 公尺。從車站出來後往東南方走，從忠三路，過愛一路陸橋下，接仁四路即可。市場就在仁四路與愛三路交叉口處。

・早期的基隆港

FOLLOW ME
路得帶路逛市場

基隆仁愛市場

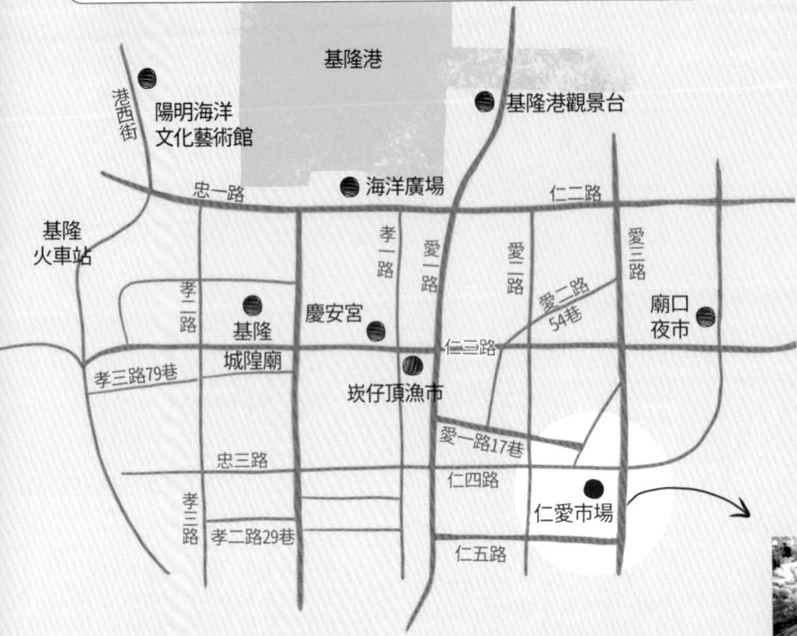

每次走訪這個市場，我最愛看這裡的海產。集東海、太平洋與台灣海峽的鮮魚於一身的仁愛市場，不同月份出海進行。海釣的魚種也大為不同。

▲入口處的蔬果攤

Ⓐ **生鮮食品區**（菜、肉、海鮮）
Ⓑ **半成品區**（水餃、麵條等麵類食品）
Ⓒ **生活用品區**（日用品、百貨）
Ⓓ **熟食區**（炸物、醃漬食品等）
Ⓕ **其他**（甜點、飲品類）

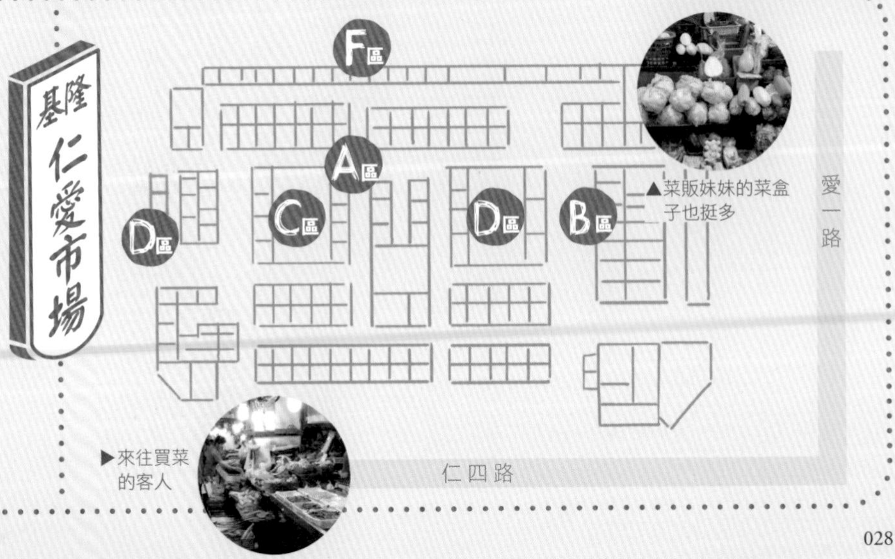

▲菜販妹妹的菜盒子也挺多

▶來往買菜的客人

位於仁愛市場二樓的三鮮水餃店，為一家新增設的水餃店。其手工水餃內餡飽滿，皮薄Q彈，咬下去鮮嫩多汁，再搭配一碗必備的酸辣湯，大概會覺得幸福感洋溢十足了吧。另外，市場內的阿財水餃也是必納入的美食清單喔！

▲美食街之二樓水餃店

基隆廟口的街坊美食，可說是基隆人的下午茶點心。各式炸物陳列眼前，令人看得目不暇給，除了天婦羅、甜不辣，還有現炸的魷魚酥、芋頭粿，另外還有知名的鼎邊銼，以及採福州師做法的油豆腐，外觀油亮可口，內餡豐富飽滿，十分美味。

▲廟口炸物攤

市場內的炭烤鮮蚵，保留原始的海味，更加鮮美可口。不過炭烤本身講求火候是否到味，得準確拿捏，既不能烤過頭，使蚵仔失了水分或過焦，也不能烤不熟，吃了容易不健康。總之，對我而言是項技術活。

▲未剝殼的鮮蚵。可直接炭烤食用

水產店的攤販母女，十分親切可愛，也耐心的為我的問題答疑解惑。她們家的水產用藍色的盒子裝載，打著氧氣，外觀亮眼十足。除了各式水產，還有醃漬海鮮，包括鳳螺、石螃蟹等，醃漬鳳螺的滋味順口提味，適合當開胃菜，讓人只想一口接著一口，若是搭配啤酒，更是暢快過癮。

▲水產店的招牌鳳螺

這間豬肉攤的豬肉來自苗栗，為怕天氣炎熱造成肉質不新鮮，因此會放在冰箱保持肉品鮮度。肉攤老闆娘忙著切韭菜，為等會現包水餃做準備，旁邊還放著煮好的餃子供客人試吃。這家肉類雖供應量不大，但每種肉品皆嚴格上選，值得一買。

▲對著鏡頭微笑的豬肉攤太太

市場二樓的自助餐，菜色提供多樣，其中這道芹菜炒鯊魚看似平凡，卻是攫住我味蕾的一道菜。富含膠質的魚皮，配合略帶纖維感的魚肉，再加上芹菜的鮮脆、蒜苗的辛香，整體融合出美妙的好味道，是令人難以忘懷的一道佳餚。

▲芹菜炒鯊魚

基隆 博愛市場

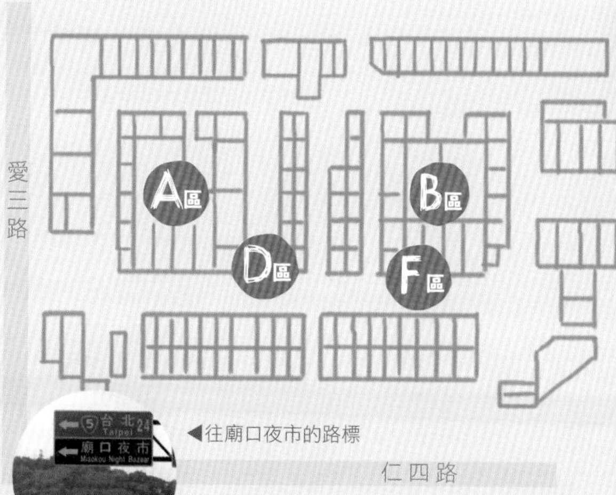

▲煙仔虎與紅甘魚

◀往廟口夜市的路標

▲包著閃亮藍紙的水產

台北

東三水街市場

Taipei

北

滾滾紅塵在艋舺

「請問你們家的燈罩怎麼會這麼漂亮？整個暖色系，
一點都不像菜市場。」我陶醉在此光景中，循循問起。

抵達台北的時候，飄下秋雨，空氣中充滿水氣，剛剛在高雄時還驕陽如火，此時下了車，便感到涼意。

我找到板南線，坐上捷運抵達龍山寺，從三號出口上來。

十七世紀，荷蘭人在台灣古地圖上將艋舺標示為Handelsplaats，亦即交易商場所，與當時高雄旗津的標示方法一樣，代表那時期這些地方全都是商業鼎盛之處。當荷蘭人結束三十八年統治，鄭式王朝之後傾覆，大清皇帝康熙面對中國大片江山，本看台灣乃「彈丸之地」，但在施琅堅持下，一六八四年將台灣納入版圖。只是清帝國對待台灣，仍有諸多顧慮，如頒布渡台禁令，規定渡台者須透過嚴格申請，且不能攜家帶眷。

台北的雨不算太大，但淋久了還是會溼。我沿著和平西路三段的騎樓亭仔腳轉康定路走到三水街。

三水街以西，鋪有灰紅交錯的步道磚，我撐著傘，地板溼答答，我小心翼翼地走著。兩旁是點著閃閃黃熾燈的小吃店——肉圓、油粿、水煎包、土雞、牛肉麵，以及愛玉仙草等。順著店家，一路能夠走到綠意盎然的公園，那是艋舺公園，一座大銅鐘正立在園區內，還有一些老人，正聚精會神地下棋。

艋舺公園東側是和平西路三段一〇九巷，沿著翠綠小樹叢，有素食餅店、冰果、鵝肉、豆花等，亦有蛋糕咖啡廳、人文二手書店。望向三水街，最深處則是另一頭市場的紅色牌樓，上面落款寫著，新富市場——東三水街市場。

大清皇帝在紫禁城大陣仗處理國家大事，但遠在南方的福建人民卻處於生存困境中，山多、人多，耕地卻少。有些先前費盡心力去台灣的人回來了，說台灣到處是平原，可以「種一冬，吃三冬」，何等美好。住在福建的人們，聽得飄飄然，那種羨慕，應該有點像當時大英帝國的人想要去往美洲新大陸，對未來是完全充滿憧憬與期待的。

只是這批唐山人雖然亟欲渡台，但限制一大堆，申請又如此嚴格，到底是要怎麼辦呢？當生活進入絕境，總會想出一些變通辦法。於是乎，「偷渡」如火如荼展開，但畢竟是偷偷摸摸、不甚光彩之事，因此渡船也不能太囂張，通常是艘破船，而且這些專門載運偷渡客的人，也絕非慷慨仁愛的慈善家，遇到大難臨頭、緊急狀況，每個人都只好趕緊跳船，「活命要緊喔！」僅能自求多福，也因此，死的死、傷的傷。但不管如何，這群渡台成功者總算憑著堅忍意志力活了下來。

三水街以西直行，小吃店林立

艋舺公園正門口，台灣欒樹正結果

舊時代的剝皮寮到了

市場以北，在廣州街與康定路交會處，是剝皮寮。話說剝皮寮乃清代留存下來的老街，清朝時它扮演著接待福州商船來到艋舺渡口，將木材去皮加工之處，故名為「剝皮寮」。清朝始為福皮寮，日治時代改為北皮寮，北皮的諧音正類似台語的剝皮。

我在剝皮寮。這是我第一次走進這裡，感覺上像走在舊時艋舺。木製房子、曲折老街、蜿蜒步道，道路約只有三米寬。狹長的傳統店屋，以木造與疊色磚撐起房子，維持唯美的拱型廊道；到訪這裡時，恰巧有個油畫社團，正在此地取景作畫，他們架起畫架，握著油畫調色盤，正用畫筆畫下時代的印記。

一七二三年，閩南三邑人渡過大風浪的黑水溝，來到台灣艋舺，在此建立勢力範圍，做著番薯、木材、樟腦的買賣。當時台灣的平埔族會坐上一種叫「Banka」的獨木舟，從淡水河上游划啊划，划到碼頭處，將他們的獵物或農作拿來與漢人交易。漢人與平埔族第一次接觸就在淡水河上，沒有攜家帶眷的羅漢腳們，間接遇到這些台灣女子，他們多數也藉由與平埔族聯姻，進而在台灣扎根落腳。

當更多的中國移民湧入艋舺，自然以出身地而形成一個個部落。

清朝時剝皮寮是將木材去皮加工之處

就算「人不親，土親」，總是要照顧同家鄉的人，就這樣，為了淡水碼頭的泊停權及商業利益，雙方爭執不斷、吵吵鬧鬧。演變到後來，一八五三年的「頂下郊拚」，正式開戰。三邑人越過沼澤，他們帶來烈火，用火燒毀並驅逐安溪人與同安人，企圖擴張自己的地盤，三邑人徹頭徹尾贏了這場戰役。同安人則收拾些家當，漏夜逃難、呼天搶地，在雨季中艱難前進之際，卻也讓他們轉往大稻埕拓墾發展。

我在三水街以東，漫步遁入市場裡。

一整排肥美土雞翹起高高的屁股掛在鐵環上，在我踏進市場時映入眼前。近二十隻土雞部隊，每一隻看起來都十分「強壯」，厚實的胸肌、健美的腿部。雞商們分類了不同的雞肉及內臟，一份份裝在透明盒裡，如果吃不了一隻雞，也能挑選自己喜愛的餐盒。

市場內挑高的棚架，垂著一簾簾白色布幔，寫著萬華製造、漬物的、餃子的字聯。前頭掛著二盞鍍金燈罩的雞肉店，有台冰櫃，冰著無數雞隻。冰櫃旁展示台，則以四十五度角擺放各種雞肉。左邊牆上白色磁磚，畫著雞鴨之圖樣，「人客啊！看你要哪種雞隻，我們有白色烏骨雞、土番鴨、黑羽土雞，紅羽土雞與黑色羽毛墊上紅臉的紅面番鴨。」

1｜2

1.好吃的土雞高高掛在鐵環上
2.老闆娘相當貴氣，親切回答客人問題

番鴨店旁，是間生意很好的菜販。明亮又階層分離的蔬菜架，每樣菜都精心處理。看得到空隙與脆度的高麗菜、蒂頭高高直立的胡瓜、蔥白與蔥綠分明，保留溼潤表皮的青蔥、一束束綁好的葉菜類，另有菇類、瓜類，或木耳筍絲豆干等配菜，所有農產皆整整齊齊地擺放在應有的位置。

我在市場裡走著，經過豬肉店、魚販。豬肉老闆將整串豬腸子吊起來，一方面風乾，一方面便於排除血水；魚販老闆娘，帶著鑲著富貴玉的白金項鍊，她家的魚貨可多了。

■整籃的丁香及小卷。讓我想做道辣椒炒丁香，拌些油炒花生米。

■整袋的魚丸及整箱的小白魚。我要來碗粥，將魚丸切片放入，再灑些芹菜、香菜。魩仔魚煎蛋也不錯。

■土魠魚、鮭魚、豆仔魚。香煎後配上早晨的清粥，喔伊係！

■鯛魚，有黑紅二種。香煎過後，加入薑絲米酒煮湯，味道也挺好的。

說到拍照，老闆可說是完全無動於衷，他腦裡大概只想趕緊把魚處理好給客人，「耽擱不得啊！」。但是老闆娘呢？非常配合地停止手上切魚的動作，她頭望向我，咧開朱紅色嘴唇，對我微微笑著，但三秒鐘功夫，又立即回神進入戰場，把手中的魚清理得乾乾淨淨，還不時回答著老主顧的問題，「喔，你手頭那隻魚仔就青，那隻好啦！」

無意中瞄到角落有間菜鋪的燈罩相當搶眼。理論上這是攤蔬果行，不只是青菜，也賣葡萄、芭樂、紅龍果、奇異果等。年輕女孩是第三代，她套著黑白格子圍裙，快樂地賣著菜，空檔時分會情不自禁舞動著雙腳。好奇心驅使下，我於是詢問了起來，「請問你們家的燈罩怎麼會這麼漂亮？而且你還有個小木板寫下橘色店名，配上竹簾燈罩，整個暖色系，一點都不像菜市場。」我陶醉在這光景中，循循問起。

「我們有跟IKEA合作，推動一個市場小學的計畫。」年輕女孩說著。「不只是我們，你所看到的有些攤子也都有報名與IKEA合作。大家會挑選自己喜歡的燈飾，來裝飾自己店鋪。」

原來如此啊！我仔細看過去市場裡的各式攤販。誠如她所說，有某幾間別上特別出色的照明設備。

「真的好有創意喔！」我心想著。來到菜鋪邊的熟食攤，他們的燈飾造型讓我想到燈籠鳥巢，一樣是木製，黃燈泡透過縫隙露出光來。後面牆壁層架有三座鋁製容器的深綠色盆栽與圓形木牌，牌上用毛筆字寫

1 | 2

1.美麗的萬華女孩向我展示收涎餅

2.堆放整齊明亮的蔬菜

暖色燈罩，搭配深綠色盆栽與圓形木牌

著酒釀蘿蔔。

一個有著烏黑秀髮，雪白膚色，約二十出頭的馬尾女孩在隔壁販賣傳統糕餅，她正向我說明，萬華糕餅的種類。

「這是我們最招牌的咖哩餃。」馬尾女孩介紹著。「這是今年X果日報點心類冠軍。」

「咖哩餃啊！那請問一下，萬華的咖哩餃與鹿港、府城的有什麼不一樣嗎？」我偏著頭想著，問起了馬尾女孩。

「雖然裡面都包咖哩，但餡料種類就不太一樣。而且這個咖哩餃裡面較有湯汁，你可以吃到一層層餅皮下有溼度的咖哩。」馬尾女孩說完。又拿起另一個用紅線串起的圓圈餅。

「這是收涎餅，也很熱門喔。」女孩繼續說著。「就是小寶寶四個月大時，不是都要舉辦收涎的儀式嗎？」

我想起自己的兒子，向來過慣了簡單化的生活，除了幫他跑過滿月禮盒，之後真的都一切從簡，所以當然也沒有所謂的收涎趴。「喔！我是沒有啦，你們這裡都會有嗎？」我淡淡笑著回答，誠實以對。

「啊，你不是這裡人嗎？」馬尾女孩問起我。「我是高雄人。」

「那我跟你說喔，就是四個月大時，我們都會讓寶寶掛上收涎餅。因為那時容易流口水啊，就給他吃這種餅，希望達到收涎的效果啦，也能得到家中長輩的祝福，比如順利長大之類的。」

馬尾女孩高高地拿起那一串小巧可愛的收涎餅，我想像兒子戴上餅的模樣。「都九歲了，好快喔。」微微嘆了一口氣後，我與馬尾女孩道謝。甫轉頭，看著對面的雜貨店，店門口擺放著一幅靜物畫，畫著水果與盆栽，與前面的腳踏車搭在一起，形成文藝柑仔店。再來是壽司店，賣著目不暇給的花壽司，店員每個都帶著日本料理師傅的白帽子，看來相當專業。繼續走著，日本風的雞鴨店，一隻隻令人垂涎，布簾上寫著店名，掛在店鋪前。還有圓形的米血、兩大鍋香噴噴的雞下水。隔兩攤處，是賣著現宰的食材，有台東土雞、閹雞、鬥雞、山雞、火雞，最勁爆的，還賣鴿子與斑鳩。

其他是位在三角窗位置，老先生的鮮魚店、老招牌的阿婆油飯、花店、生魚片與各種漬物熟食店。

我走出市場巷弄，瞅見一家子的人經營著一個米粉湯攤位，他們有說有笑地，年長的太太看到我道：「來坐喔！」

整攤目不暇給的花壽司

蔘藥行的老闆正幫客人煮藥湯

木造房舍與
「艋舺老所在」的舊招牌

我看到她手上剪開剛燙好的豬肉，湊上前，仔細看個端倪。「這是嘴邊肉吧！剛起鍋的？好嫩的肉喔！」

年老的太太露出驚訝表情，「你也知道啊。」我笑了笑，轉向旁邊的中藥行。精瘦的老闆正用炭火熬煉藥材，火勢不大，他略略掀開鍋爐的蓋子，讓蒸氣得以順利排出，而後將一只只玻璃瓶放齊，一遍又一遍檢查爐火與熬出來的藥湯。「老闆，請問這是要給客人喝的嗎？」我提問。

「對對對，就有些客人沒時間自己熬啦！我都會幫客人熬好，裝進瓶子裡。」他客氣地說著。

這幾間店，坐落在市場外圍的樓仔厝，再向前邁進，便全是都市計畫後整修的新式建築，然而，當你細心看，仍能找著藏在巷裡，幾間雖殘破但布滿故事風霜的舊房子。

艋舺的故事一直走到近代，摻雜起初的碼頭文化，漸趨沒落、凋零，而後掙脫、吶喊，繼而轉型，納入西門町的繽紛。還有一部分是黑暗與光明的角力，比如電影《艋舺》裡演的，灰色地帶裡的生存藝術，角頭、幫派、娼妓，全圍著憤怒、污辱、痛苦、無奈、風暴、鬥爭的情

走進巷道，如走進百年前的艋舺

緒乃至憐憫、堅強、溫柔、戮力、省思與真愛的落實。

我在這塊土地，思想著幾百年來的愛恨交織。這些往事隨著淡水河已慢慢被掩埋沉寂，當葬下仇恨，萬華人正力圖建構一個純歷史軌跡的社區。收起紛雜的思緒，我離開萬華艋舺。雨，好像停了。

下一站，是大稻埕。

艋舺公園附近巷子，也有隱藏版美味

FOLLOW ME
路得帶路逛市場

台北 東三水街市場

▲艋舺公園的石雕與大鐘

▲ 市場附近街景

▲這條步道將通往艋舺公園

▲市場內挑高的棚架，垂著一只只白色布幕

▲東三水街市場一隅，市場旁的小巷弄。

一整排肥美土雞翹起高高的屁股掛在鐵環上，在我踏進市場時映入眼前。近二十隻土雞部隊，每一隻看起來都十分「強壯」，厚實的胸肌、健美的腿部。雞商們分類了不同的雞肉及內臟，一份份裝在透明盒裡，如果吃不了一隻雞，也能挑選自己喜愛的餐盒。

如何抵達　東三水街市場位於台北車站之西南方約2.3公里處。全程走路需半小時。若搭乘捷運藍線板南線，可在龍山寺站下車，步行270公尺。若以鐵路方式前往，可至萬華車站下車，步行約300公尺。

・從龍山寺站出站，步行270公尺即達三水街

一走進市場，就能看到整排肥美土雞。牠們不害臊地翹起高高的屁股。仔細瞧瞧，每一隻看起來都擁有厚實的胸肌，極度豐腴的腿部。

▲整排肥美土雞像是強壯的部隊

這裡的魚丸有旗魚丸、虱目魚丸等，有做成大小不同的圓球狀，也有用以肉羹的不規則形做成。炸物除了炸魚捲、肉捲、花枝，最吸睛的是深褐色的炸鰻魚。

▲魚丸、炸物攤

有著烏黑秀髮的馬尾女孩在這裡賣著萬華傳統糕餅。冠軍的咖哩餃，一層層餅皮下蘊含溼度飽滿的咖哩。圓圈狀的收涎餅，也很熱銷，一個二個不夠看，用紅線將整個串起，便是寶寶專屬的收涎項鍊。

▲萬華傳統糕餅鋪

無意中瞄到的這間菜鋪燈罩相當搶眼。這是攤蔬果行，不只是青菜，也賣葡萄、芭樂、紅龍果、奇異果等。它有個小木板寫下橘色店名，燈罩是竹簾造型，暖色系情調，一點都不像菜市場的味道。

▲蔬果行裝飾暖色燈罩搭配食材

熟食攤清一色有醬味或醃過的漬物，主要為佐清粥或白米飯為主。有醬筍、花生、黑豆、醃蘿蔔、毛豆、醃豆皮、牛蒡絲或醃細薑等，以蔬食類居多。

▲熟食店

這裡的油飯攤，是傳承數十年的好味道。一大鍋一大鍋的油飯、糯米腸、肉粽、筍絲等。目前是年輕一代在販售，是艋舺市場裡正港的台灣味。

▲油飯攤

▲白色磁磚，畫有雞鴨圖案

▲雜貨店在門口，布置一幅靜物畫與一輛淑女腳踏車

▲當季的洛神花，做果醬或煮成洛神花茶都很棒

台北
永樂市場
Taipei

北

百年風采・看見大稻埕

獨夜無伴守燈下，春風對面吹。
十七八歲未出嫁，看著少年家。
果然漂緻面肉白，誰家人子弟。
想要問伊驚呆勢，心內彈琵琶。
……

——摘錄自 1933 年，李臨秋〈望春風〉

一頭鑽進大稻埕尋覓過往今昔，總算有了頭緒。我拔下眼鏡，稍微按摩眼睛，目光看向戶外。同一時間，港都的陽光正暖和地灑落一地，時空轉換下，好像有些無法適應。怎麼說呢？日本人、台灣人、英國人、中國人；商家、攤販、藝旦、警察；市集的熱絡、情感的糾結、街頭的抗爭等。我想我大概被困在大稻埕裡了，那沉重又奢華的年代。

電影《大稻埕》曾在幾年前看過，那年還到宜蘭的傳藝中心細細品嘗劇組走過的路。數不清的茶葉、花布料、南北貨，吸引了全台灣的商行及洋行。西元一至二百年前的大稻埕，就是那回事，貿易鼎盛、風華絕代，若要做生意，得先來大稻埕。而繁榮攀至巔峰時，江山樓、東薈芳、得意春風樓、蓬萊閣等四大酒家也因應而生，永樂町的藝旦也變成商人間應酬時另一樁充滿粉味的話題，當時坊間流傳的一句話，「未看見藝旦，免講大稻埕」。我特別喜愛《大稻埕》電影裡的一幕：精通琴棋書畫的藝旦阿蕊，在觀戲時遇到日本警部前來喝阻表演，「皇太子到台灣參訪，非日文演出，即刻停止。」她站起來，勇敢唱出故鄉宜蘭民謠〈丟丟銅仔〉：

「火車行到伊都，阿末伊都丟，唉唷磅空內。

走在大稻埕，
彷彿漫步在歐洲街道

磅空的水伊都，丟丟銅仔伊都，阿末伊都，丟仔伊都滴落來。」

當台灣人歡呼聲四起，幾名警察無奈暫時撤離。舞台上的上海演員對這首歌一臉不解，逕自說著：「這應該是一種台灣特有的咒語。」

大稻埕發展，據說最早是清朝咸豐年間（一八五一年），因泉州同安籍移民為躲避海盜，自基隆移居至此開設店鋪，而後正式引爆點是在於一場爭奪泊船權利的艋舺械鬥，同安人被迫由艋舺逃到大龍峒，又遇到長達一個多月的雨，於是遷徙到大片晒穀場的空地並定居下來。之後商號買賣逐漸擴大，跟著台灣的命運，一八六〇年淡水開港，老外陸續進來了淡水。

英國人陶德看準了北台灣的氣候與土壤，正是種植優良茶葉之必要條件，於是將茶葉引進。一八六九年他將寶順洋行遷至大稻埕，在廈門人李春生的協助之下，福爾摩沙的烏龍茶直接航過甫開通的蘇伊士運河，到了美國紐約銷售，沒想到竟意外吸睛，受歡迎程度超過預期。一八八七年，劉銘傳下令業界成立「茶郊永和興」，當時淡水河外銷茶葉蓬勃飛揚，茶葉累積了大稻埕的財富，並帶動後來的布料、南北貨。而原本的中藥材是由南北貨商人引進，到最後也演變成自己的蔘藥行。

大稻埕戲苑看板

永樂市場一樓布商

迪化街商圈

大稻埕的繁榮，同時亦吸引了一大批宜蘭人到台北發展，蔣渭水便在大稻埕太平町開了一間醫院，在那裡種下自由民主的思想。一九二二年，日本實施「町名改正」，大稻埕劃分為永樂町與太平町，多半歸屬於台灣人店鋪，為「本島人市街」，這也是「永樂」這名字的由來。而日本商人、軍人、軍眷，則總愛聚集在城內衡陽街榮町一帶，他們試圖將那裡締造成東京的樣式，稱榮町為台北的銀座。大戰結束後，國民政府接收台灣，一九六〇年代，大稻埕儼然為台灣最大的布料中心。頂峰之時，約達兩千家布行，創造了內外銷達兩千億的產值，也帶動台灣紡織業之昌盛。大稻埕，成為財富第一街。

我將目光拉回現代的大稻埕。從塔城街方向走來，已有數間布行，到了迪化街一帶，便看到永樂市場、屈臣氏中藥行、慶源藥行。再往前，南街，是蔘藥的天下。過了民生西路，販售南北貨的中街出現了。繼續向北，越過歸綏街的北段，是米行、竹器、燈籠店。

永樂市場是我這次拜訪的重點。它成立於一九〇八年。那時期日本政府在大稻埕設置「公設永樂町食料品小賣市場」之後，隔年便到基隆，設置「公設福德町食料品小賣市場」，即今日基隆仁愛市場。

過去幾次到訪迪化街，都是尾隨親戚。親戚會先帶我們到永樂市場樓上的布料行逛上一兜。花花綠綠的布料，每匹布材質不一，看你是要做西服旗袍、禮服制服，還是演藝服、工作服，或者要裁來當窗簾、桌布、道具大布幕都可以。不只如此，布料相關商品，鈕釦、針線、扣環、拉鍊、花繩、流蘇、墜飾、蕾絲花邊等，永樂商行堪稱配件最齊全的大本營。大概你在生活中與布料沾上邊的，這裡完全不虞匱乏。這些商家的配飾與布捲擺滿整個牆面，穿過一綑綑花布間狹小走道時，我發想自己是「決戰時裝伸展台」的服裝設計師。今天我得負責某某名媛的宴會服，我想針對她的性格設計出能襯托她氣質的服裝，要用上哪幾種布匹，得搭上哪些亮晶晶的小配件；腰間的皮帶，是要帶有西部牛仔的剛性狂野、溫柔飄逸帶有自信的性感、還是像上班族般的自信俐落。

偶爾隨意奇想，誠然能達到使腦袋放空之果效。布匹的種類與搭配，往往能決定這件衣服的屬性與擁有者的特性，不管你是不是設計師，來這裡走一趟，任由想像力馳騁，有時還帶有療癒的收穫。

樓下的生鮮，果然也不太像一般傳統市場。我從外面推玻璃門走進來時，第一個感受是走道相當寬敞，鋪上磁磚的格子地板十分乾燥，也

市場內繁華的攤販

雪花牛肉，看你會不會心動

青甘魚後頭是罕見的斑石鯛魚，又名夢幻之魚

清潔得宜。這是個管理嚴謹的市場，有幾位太太正挑選著基隆海鮮，常見的黃魚、鯧魚、大目鰱及身上有條黃線的青甘魚，橘色塑膠桶裡大小塊碎冰上，躺著草蝦、蛤蜊，與日本料理店最常見的香魚，旁邊則展示著一盒盒能當禮盒的烏魚子，有二百五十元與三百五十元二種價位。

「你看這條魚，今天特有的，很少見的。」老闆娘指著一尾烏黑帶有斑點的魚說著。

「真的，以前好像沒看過，這是什麼魚呢？」

「這個，叫做斑石鯛魚，市場比較少見啦。」

「原來這叫斑石鯛魚啊！」

我詳細注視這尾斑石鯛，魚皮帶有光澤，眼睛像玻璃彈珠一般明亮。我記憶中在高雄也看過類似的「條石鯛魚」，是父親朋友出海去海釣而後送來給我們吃的。據說在台灣海域出現的深海鯛魚以這兩種居多，牠們的牙齒尖利，長年生活在太平洋，因不易捕捉，所以又名「夢幻之魚」，在市場裡價格每斤常上看千元。那回我們家的條石鯛，經母親之手以樹子醬汁蒸煮料理，再放上青蒜，不僅肉質鮮美，口味也極為特殊。

市場內除了鮮魚，還有間牛肉攤。年輕老闆特別交代別拍到臉龐，便將臉藏在一掛伴著純白油脂的牛腩肉後頭。這裡蔬菜攤位多了些，一箱箱裝青菜的紙箱集中放在邊角。我在一間頗具特色的菜販前停留，帥氣的老闆蓄著山羊鬍，若非套上圍裙，熟練地幫客人秤重裝袋，我還以為他是某搖滾樂團的主唱或吉他手。他精心訂做一個個木頭長箱，夾雜幾個竹簍子，木箱裡鋪著咖啡麻袋，置放各種青菜及根莖類蔬果，每一箱並以粉筆標上中文菜名、英文名與日文名。我到的時候也才十點多，很多菜都已售罄，帥老闆很忙，正切下老婆婆要的冬瓜，但見我拍照，仍放下長刀，給我一個帥酷的笑容。

有人說，逛他的菜攤像來到歐洲小鎮，滿滿裝袋的新鮮像農莊裡的菜盒子。旁邊也許尚有幾頭羊或全在柵欄裡的幾匹馬，我覺得一點都不為過。對蔬果如此細心認真的對待，就能提升一般人對傳統市場的感官，宛若置身於安徒生故事裡的市集；但比起木箱，我對這間菜攤的命名更感興趣，這使我聯想到一位葡萄牙籍的唱片騎師，總是能祭出撫慰現代人心靈音樂的國寶級ＤＪ。

市場入口處是間港式蘿蔔糕與饅頭店，他們推出剛出爐的肉包子，一群人正排隊買著。另一頭尚有在天花板上掛著盆栽當裝飾的生魚片行

此處有中文、英文與日文的標示

歐洲市集般的蔬菜攤

你能站著吃生魚片，
也能坐著吃點心

及漁行，你可以站在板前吃著師傅現做給你的大蝦、握壽司、香魚甘露煮、秋刀魚佃煮與綜合生魚片。後面的蔬食店，也挺多人等候，點著素食類麵線、套餐以及南瓜杏仁漿。

其他如油飯店、經典的咖啡店，也藏身於市場小攤內。最外圍店鋪是珠寶、服飾、雜貨、熟食或修改衣服的小型店鋪。走到外頭，市場外面店面多屬於布行及藥行等。周遭的小吃也挺多，賣著雞肉飯、滷肉飯的擔仔麵店、小麵店、熱炒、雞排。其中有間便當店，黑衣年輕老闆在工作台前面拉開嗓門，「來，要吃什麼飯？」工作台後面則是正準備食物的阿姨們，他們每天都很早便開始備料煮菜，最招牌的是炸豬排與滷雞腿，三大籃的雞腿已滷好擺擱在一旁。

知道我要拍照時，他們幾個人全擠在一起，露出不好意思又很興奮的笑意，開心地比起「耶」的手勢。

到大稻埕，一定不會錯失參觀整排巴洛克式洋房建築的機會。這些洋房如今仍對外營業中，有的是農藥行、有的是蔘藥店；還有辜家鹽館、貴德街李春生紀念教堂、陳天來舊居錦記洋行等。另外，音樂人應該也會想一探〈望春風〉作者李臨秋的故居。我特別留意到企業家李春生，他與我奶奶算是廈門同鄉，雖然以年紀來看，他長了我奶奶約九十歲。

李春生在廈門對外開埠時，因宣教士抵達中國傳教而成為基督徒，這項優勢，讓他習得一口流利的英語，也得以到台灣淡水為英國人陶德擔任買辦的工作。而後他獨立門戶，迅速致富，並以他語言上的長才，協調了大稻埕裡有關台灣人與洋人之間大大小小的事情。我想起幼年時，聽我奶奶說她們全家都是基督徒，坦白說，我一直到長大都採存疑態度。「在清末民初，雖有傳教士來，但基督徒比例仍是過低，哪有可能那麼早就信耶穌的。」我心裡想著。但讀到李春生的故事，卻讓我豁然，當時在廈門吹起的那股國際洋風，確實讓許多人成為基督徒。

大稻埕這些名人的故居現在已然是觀光景點，到處可見拿旅遊手冊的觀光客駐足拍照。的確，洋房街道的漫遊還真讓我琢磨好一陣子，讓我在懷舊的氣氛下停格了好幾刻。而李春生紀念教堂更是讓我思念起我的奶奶，今年她剛好以近百歲的高齡辭世。

奶奶沒有來過大稻埕。從廈門到台灣，倒是住過澎湖望安、台南與高雄。但小時候常看她捧著一本黑白相簿，裡頭珍藏著無數張她一身風韻旗袍，與其他仕女合照的小張照片，每張照片還裁有花邊。奇妙的是，當我走在迪化街頭，我竟覺得離我的奶奶好近好近，舊式牌樓下，我好像看到了黑白照片裡，鏡頭下的清秀佳人，那正淡淡漾起笑容的她。

獨夜無伴守燈下，春風對面吹。
十七八歲未出嫁，看著少年家。
果然漂緻面肉白，誰家人子弟。
想要問伊驚呆勢，心內彈琵琶。
想要郎君做尪婿，意愛在心內。
等待何時君來採，青春花當開。
聽見外面有人來，開門甲看覓。
月娘笑阮憨大呆，被風騙不知。

——一九三三年，李臨秋〈望春風〉

1
—
2

1. 如今這裡已是觀光客必來之地
2. 參觀大稻埕，除了布行商家，還有經典的建築

mimosa
宏翔布行
AUROTEX
mimosa
COFFEE•TEA

FOLLOW ME
路得帶路逛市場

台北永樂市場

▲李春生紀念教堂

▲迪化街賣著茶葉與甜點的商家

▲拱廊式騎樓

▲從塔城街走，就能看到許多布行

市場入口處是間港式蘿蔔糕與饅頭店，他們推出剛出爐的肉包子，一群人正排隊買著。另一頭尚有在天花板上掛著盆栽當裝飾的生魚片行及漁行，你可以站在板前吃著師傅現做給你的大蝦、握壽司、香魚甘露煮、秋刀魚佃煮與綜合生魚片。

▲最早的屈臣氏

▲大稻埕仍保留許多百年建築

▲塔城街附近的北門遺跡

如何抵達 台北永樂市場位在迪化街一段，距台北車站 1.2 公里，只要沿著忠孝西路一段往西走，在塔城街右轉即可。亦可走車站的地下街，從 Y25 出口出來，直接轉塔城街。若從台北市其他位置前往，則可搭捷運松山新店線至北門站，出站後步行塔城街 500 公尺即可抵達。

・永樂市場

甫走進市場，即能看見門口滿滿的漁獲海鮮。這間店販賣的皆是來自基隆港的鮮魚，舉凡黃魚、鯧魚、大目鰱及身上帶有黃線的青甘魚等。另外，塑膠桶上放滿碎冰，上頭躺著草蝦、蛤蜊及各種海鮮，藉以維持食材的鮮度。

▲基隆港來的魚

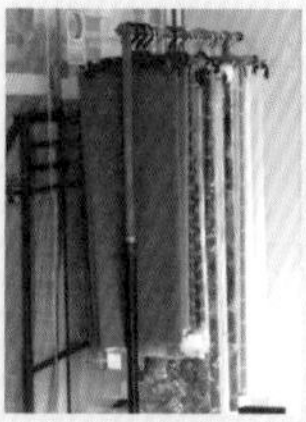

永樂市場的二樓，是台灣最經典的布業商場。花花綠綠的布料，材質各有特色。西服旗袍、禮服制服，或是演藝服、工作服；甚至是窗簾、桌布、道具大布幕，或與布料相關商品，如鈕釦、扣環、花繩流蘇、墜飾、蕾絲花邊等一應俱全。

▲二樓布料行

這裡供應著品質上乘的基隆海鮮，如黃魚、鯧魚、大目鰱，或身上有條黃線的青甘魚……，橘色塑膠桶裡大小塊碎冰上，躺著草蝦、蛤蜊與香魚等。另外，因應時節更替，還有烏魚子禮盒。

▲一樓生鮮

帥氣老闆熟練地幫客人秤重裝袋。他精心訂做一個個木頭長箱，夾雜幾個竹簍子。木箱裡鋪著咖啡麻袋，置放各種青菜、根莖類蔬果。每一箱以粉筆標上中文菜名、英文名與日文名。

▲歐洲小鎮菜販

市場入口處，就有間港式蘿蔔糕與饅頭店，他們推出剛出爐的肉包子，一群人正排隊買著。這裡的筍肉包有名而搶手，切成一小塊一小塊的筍子，吃起來讓肉包極富口感。

▲包子店

過百年的油飯店，名氣遍及各市井小民、企業主，也是媒體寵兒。濃濃的油蔥味，混在悶煮的蓬萊米飯裡，其新鮮、價格平易。若是清晨造訪，還能買到剛蒸好、熱騰騰的芋粿巧。

▲油飯店

▲偶爾一個轉角還會遇上販賣帽子的店家

▲市場內的美食，吸引很多人品嘗

▶大稻埕依然可見傳統技藝用品的店家

台北 東門市場

Taipei

老台北人的美好滋味

北

「上個月我還在東門市場看見她，提著菜籃，大起個肚子，蓬頭散髮的，見了我，低起頭，紅著眼皮，叫了我一聲：『嬤嬤』。一個官家小姐，那副模樣，連我的臉都短了一截。」

——摘錄自白先勇《台北人》之〈思舊賦〉

「台北喔！就是一個字，貴啦！」阿伯略帶幽默地說著。

這位阿伯的菜攤大約三坪，就處於東門市場裡。他把自己圈在一個正方形空間裡，前後左右全部都是菜，他在後上層櫃子放台小電風扇增加空氣流通，左上方還裝了台分離式冷氣，想必這裡的夏天，應該也挺悶熱的。

「我們親家每次來台北，就說台北什麼都貴。買菜貴，買水果貴，就什麼都很貴就是了啦！」

我笑開了，這倒也講中我的心事，以前母親到台北探望阿姨時，小錢包總是裝得鼓鼓的，一路上還不忘常常檢查錢包，就怕不小心掉了錢。現在雖有信用卡，但每次到台北，我還是很自然地會多帶幾張「孫中山」。

右邊坐在小板凳上的婦人，應該是阿伯的太太，她本來正與人談天，不久也加入我與阿伯的話題，聊著現在的台北、東門市場，還有買不起的房子。

與阿伯夫婦聊完天後，無意中在一段節目中看到，原來這位阿伯是烹飪料理主持人程安琪的老朋友——老林。大概程安琪做節目時，大把

市場裡的醒目招牌

市場外圍的人潮

大把的青菜就從這裡拿的。什麼特殊的、少見的、奇異的蔬果，在這裡絕對找得到，也許在攤位前排的菜裡統統沒見著，就問一下老林吧，可能他就從後頭抽出來給你。而攤位旁整籃的翡翠椒，則屬罕見蔬菜，它能做成翡翠椒鑲肉，是江浙料理中的名菜。

東門市場位在中正區。中正區在台灣發展史上，一直位處全台政府經濟樞紐的中心位置。清朝台北築城，分東西南北城門；日治時代，日本人多居住於城內，外圍則歸屬於台灣人的活動範圍。日本人在城內積極興建總督府與日本官舍，發展諸多公家機關與大型醫院及銀行。而四大城門外不遠處，皆設有台灣人的市場。當國民政府播遷，入主總督府，接收城內官舍後，這些日本房舍便首先成了軍官宿舍。以地圖來看，若以總統府設為起頭，往東走凱達格蘭大道，過二二八公園，越過東門圓環——景福門後，左右就是台北市中心兩條主要幹道。左邊是仁愛路一段，有台大醫院與教育部，直走過建國高架橋便是國父紀念館；右邊呢，是信義路一段，過國家音樂廳與中正紀念堂，約三百公尺就是東門市場；再往東，則為大安森林公園。

走過八十個年頭的東門市場，是許多老台北人城市記憶中的一環，它陪伴著台北人走過震盪與朝代更迭的歲月，除了東門市場，當時的西門市場也是。民國四、五〇年代，緊鄰總統府的眷村官夫人，就在這些市場打點了日常飲食。這裡也成了當代諸多作家們的市場記憶，飲食作家——韓良露小時候就住在東門市場附近，這裡成了她最常逛的市場；日本的牙醫兼作家一青妙，也曾在專訪中提及：「小時候，我和媽媽都去東門市場買菜，我對市場的記憶，就是從東門市場開始。」隨後她更說到，「那是美好的時代，在台灣時間不長，卻很珍貴。」作家舒國治更寫下數本有關台北的著作，在二〇〇七年出版的《台北小吃札記》，也有篇專門介紹東門市場的自助餐，那是他心中深怕說出來，以後就很難吃到的家常菜。

在地文學加添的催情素，倒也讓東門市場多些浪漫情懷。事實上，最早的東門市場，是以金山南路以東的內市場為主，老字號老品牌的店鋪居多。金山南路以西的外市場，反而多為各種攤販聚集。但經一九七九年金山南路拓寬為三十米後，市場便正式劃分成二大區塊，外市場因著交通的便利性，名氣也扶搖直上。

巧的是，自十多年前開始，只要到台北，不管辦事或旅行，我都會

1｜2

1.罕見的翡翠椒
2.友善的老闆娘與我聊起現在的台北，與高級房價

市場內熱騰騰剛起鍋的餡餅

這裡是每天生意好的不得了的小吃美食街

固定下榻在金山南路與仁愛路附近飯店。有時吃膩了飯店早餐，就會到沿路的街頭巷口買碗綠豆粥、嘗份蛋餅或燒餅油條，享受老台北那酥酥脆脆、芝麻滿地的幸福。也常至飯店幾百公尺外的東門市場，吃一碗燒燒的米粉湯，米粉攤營業時間非常早，就成了我的首選，冬天吃的時候，感覺最明顯，喝上好幾口熱呼呼、乳白色略帶濃稠的湯汁，再加上翠綠的芹菜，寒意泰半消除殆盡；我通常還會切盤油豆腐、豬皮或腸子什麼的。用畢，再續回飯店喝杯咖啡，那一天的早晨都會精神抖擻，活力無限。

住宿期間，偶爾我也會早起到東門市場裡買些熟食，就回飯店冰著，晚上就在飯店裡開場小型Party，吃著自己喜歡的佳餚。我也買過蔥油餅當點心，市場裡有攤現做的，小小的一攤，但生意非常好。當然，除了市場，我也在附近金山南路的鵝肉店吃過好幾次，買過南京板鴨、排骨雞腿便當、滷肉飯什麼的；或是走段路到永康夜市，大口大口咀嚼著牛肉麵、熱湯圓、串燒、炸雞、餃子、西瓜汁等，一整晚瘋狂過癮的東吃西吃。

這回，我從捷運東門站一號出口上來時，直接自臨沂街拐彎進去。

一籃籃新鮮的蔬菜水果就擱在街道牆壁突出的地方。沿路東門牙醫、銀樓、旅店、精品店、大餅店、水果攤、牛肉攤等各式店面；豬肉鋪子隔壁是鹽水、煙燻、油雞鴨攤，看起來油亮可口，而且時間尚早，卻所剩無幾。

我試著採訪這位戴著眼鏡的老闆，他看來年約三十多，「可是我不愛讓人拍照耶。」他苦笑著。

對於拍照這件事，我向來不遊說。大概我自己也是不喜歡上鏡頭的人，所以我大部分只拍食材，樂意上鏡頭的人我才會拍下他們勤奮工作的樣子。

「我以為台北人比較不會害羞的。」我半開玩笑地說著。

「我喔，我不是台北人耶。」老闆繼續苦笑，邊做生意。「小姐，那你是哪裡來的？」

「高雄，我從高雄來。」我說著，手指頭不停地按下快門，拍著食材。但我也感受到空氣一丁點凝結。

相機拿下來後，旁邊的豬肉攤老闆夫妻從最後面昏暗處發出聲音，「我們是台南人。」之後，我分享起我的工作性質，話題就這樣打開來，離去之時，帶著眼鏡的老闆轉過來對我說，「我是小港人。」我停下腳步，愣了半晌，而後哈哈大笑起來。「厚，原來大家都從南部上來打拚的，早說嘛！」

也許笑聲太宏亮，前面的菜攤老闆，一樣年輕，他留著像貓王的鬢角，看到我便說，

各式各樣的菇類

我說，老闆你家的蔬果是精選的喔

「這裡的菜都可以拍，我也可以喔。」仔細看著他的菜，會發現他的菜很水嫩青脆，光是彩椒就五顏六色。紅、黃、紫、橘、棕、綠；蘆筍也有綠蘆筍與白蘆筍；菇類也很讚，我開始習慣性規劃著，做燒肉時，加點烤蘑菇與彩椒，非常對味；蘆筍炒肉絲，也是下飯聖品。

「我也不是台北人，」菜攤老闆嘴上念念有辭，算著價錢，喃喃說著。「我是彰化人！」哇，現在是怎麼回事？我剛剛是不是真的笑得太大聲，現在大家都自己開口表態。我壓抑著自己的窘態，「大家真的都是來台北打拚的呢，你的菜是精選的喔！」我回應著。我發覺我在他超鮮嫩的蔬菜中獲得旺盛的生命力，而後又寒暄幾句，道別了菜販，走進內市場。

老台北的店鋪精華地在此，每攤都是傳奇，攤位許多仍保持木造。入口處的鮮魚攤，擁有超大尾頂級的藍紋鸚哥魚，雖要價不低，但肯定會是極品。最近很夯的豬肉公主、中藥行、雞鴨店、鵝肉店，滿掛如珠簾的牛肉攤，珠簾後是名老太太正切著肉塊，「我們的牛肉賣幾十年了。」她回答的有點心不在焉，畢竟手上要切的牛肉比洗臉毛巾還大，我幾乎看不到她的臉，得從垂掛牛肉的縫隙中去找。

臨沂街旁的菜販

市場內雖滿是昏暗老舊的風景，卻承載了許多老台北人的記憶

「那北部有養牛嗎？」我好不容易找到她的臉，提出疑問。

她撐了下鏡框，看著我說，「北部沒有牛。但可以從南部運上來，到北部宰殺。所以你們同樣能買到現宰的溫體牛肉。」

說完沒多久，電話響了，有客人訂牛肉來了。看牛肉數量如此多，她又忙成這樣，大概也猜得到，生意興隆是千真萬確。

我離開牛肉攤，過了金山南路，走向外市場。入口有個戴斗笠小農，迷你小攤，但仍有幾位客人。他們正交談著一袋棗紅色的洛神，「我ㄟ親戚在深坑家己種的，很青。」斗笠小農說得津津有味。「我嘛有種喔。只是毋這尼多啦。」

入口左側，則是林青霞從小吃到大的手工水餃店，也賣著一盒盒的港式點心。往裡走幾步，LV級水果，打著蘋果燈。再來是豬肉攤婆婆，有只骨董級的磅秤。秤豬肉時，直接放幾顆砝碼，畫面超級經典。「用習慣了，覺得很好用，就不想要換。」婆婆喜孜孜說著。

木桌上面，攤開分好的肉。我注意到婆婆的正前方有塊很大的凹陷，而她正在那凹陷裡剁肉。「我賣幾十年囉，上次有個客人從美國回來，說我好像她阿嬤，看到我，一直叫我阿嬤。」她笑呵呵地，樂得很。

「我也覺得你笑起來好像我阿嬤喔。」這麼說，是百分百的真心話。婆婆大抵有感覺我的誠懇，於是她笑得更開懷了。

1 2
3 4

1.要看到老闆娘，得從整排牛肉條縫隙中去找，才能找著
2.豬尾巴後面是很骨董級的磅秤
3.淡水魚攤的魚打著氧氣，在我抵達時多已售罄
4.我在南部少見的帝王斑，非常耀眼

婆婆旁的漁產店，也賣著各式各樣的魚、花枝、八爪章魚與大明蝦。有隻黃尾巴黑條紋的魚，我從沒看過，就問起老闆娘。「請問這是什麼魚呢？」

「帝王斑。」老闆娘溫和地說。「原來這種魚還可以吃啊。」我在心裡想著。但如此美麗的一條魚，我想換作是我，應該寧可養著，也不忍心將之食下肚吧。

東門市場裡還有攤頗具規模的淡水魚店，一缸缸冒著氣泡的小池子，草魚、鯽魚等，也有活青蛙。我到的時候池子裡的魚都賣得差不多了，只能說生意未免太好。另外福州師傅傳承下來的燕丸、黑輪，人潮一樣絡繹不絕。老闆還跟我聊了些泉州人漳州人的事，也談起電視台報紙記者的訪問；至於魚丸店隔壁，也是我吃

令多位作家魂牽夢縈的米粉湯

熟食攤上的小甜點——乳酪蛋糕

了好多年的味道。

乳酪蛋糕，每天現做現烤，之前有時太早來，尚未出爐，還會跟這位甜點師傅約個時間再取。本來是姊妹合作，但附近公司行號訂單過多，太累了，便決定休息一陣子，目前就由姊姊經營。她們家的起士味道真是濃烈，一口含著，足以感動到飆淚，真的不誇張，就是真材實料到像自個兒家裡吃的，那馥郁略帶羶味的重乳酪，是我最愛的洋味兒。

「請問你們都是去哪兒上課學的嗎？」我提問。

「其實沒有，我們都是自學比較多。」甜點師傅表達的很坦白。

「自學就能做的這麼好吃啊！」我有些訝異。

「就是很喜歡吃蛋糕點心啊，所以四處品嘗，最後吃出了興趣，就想我要做出那樣的味道。」甜點師傅回答著。我想也許正是這種「我要做出那樣的味道」的毅力，才讓她的蛋糕與眾不同。不是職業性的、麻木不仁的；是種對味道的追求，自我的信念，折服了大家的味蕾，當然也包括了遠道而來的我。

再往前，便是老林的店。只是那時還不知他叫老林，但他們夫婦的慈祥與真誠，同我談天說地的，也著實讓我覺得，自己彷彿像個多年的老顧客。

有人說，台北人，精明能幹但又有些冷漠，但至少我在東門市場不會這樣覺得。市場裡藏著老台北的味道，細膩又沁心。透過文學的字句，逐一被紀錄下來，成為雋永。不只這樣，今天的東門市場，也加入些暖烘烘的外地人熱情，調和出嶄新的味覺感動。

返回高雄後，我徹夜思想，這樣的東門市場，該是什麼樣的滋味呢？直到不久前，看到旅遊作家溫士凱有篇〈尋味・台北〉，我才略有心得。他對東門市場的米粉湯有段這樣的描述：「他們選用客家人喜愛的細米粉為主要食材，讓我這個離家的客家子弟，每每只要一碗米粉湯，灑上一些白胡椒粉，一入口，就有熟悉又安定的美好滋味。」

對了，正是這句話，終於被我找著。

我想，對每一個老台北人來說，不管離家幾回，世界走了幾遭，都市變遷差異又是何等之大，但當又踏上台北城的土地，回到白先勇筆下的描述：「台北的冬夜，經常是下著冷雨的。傍晚時分，一陣乍寒，雨，又淅淅瀝瀝開始落下來了。溫州街那些巷子裡，早已冒起吋把厚的積水來……。」（摘錄自〈冬夜〉）

我知道，在這群老台北人的心底深處，東門市場裡的飲食風貌，應該就是那股，熟悉又安定的美好滋味。

FOLLOW ME
路得帶路逛市場

台北 東門市場

走過八十個年頭的東門市場，是許多老台北人城市記憶中的一環，它陪伴著台北人走過震盪與朝代更迭的歲月。

▲市場裡的大招牌

▲光看外觀，大致可猜出這間雜貨店年代有多久遠

▲臨沂街的小農與大餅店

▲東門外市場的小販

▲東門市場旁巷子，市場位在高地價的台北蛋黃區

◀市場裡都是老台北人

如何抵達 東門市場位在信義路二段，台北車站東南方 1.9 公里處，步行約 30 分鐘，由中山南路接信義路一段即可。亦可乘坐捷運淡水信義線或中和新蘆線到東門站，從捷運一號出口，轉臨沂街即為市場範圍。

・東門市場位在信義路二段旁

臨沂街上位居豚肉店隔壁有間油雞店。販賣鹽水雞、煙燻雞、油雞鴨，看起來十分油亮可口，而且造訪之時尚早，卻所剩無幾。幾番談話下來，才知老闆是高雄人，輾轉到台北打拚。

▲高雄人來此打拚的油雞店

東門市場裡的日本料理店，小而美、細緻、價格合理。它標榜現點、現做，提供最新鮮的料理。除了用壽司米，也用健康的橄欖油，並且不使用一般調味劑，走天然養生路線。

▲市場裡的日本料理店

東門市場裡的福州魚丸店，傳承自正港福州總鋪師的好手藝。魚丸種類繁多，最有名的燕丸，以後腿肉製作，早期須以槌子捶打去筋，如今輔以機器半手工製作。

▲福州魚丸店

從臨沂街的市場入口進去，老台北的店鋪精華地在此，每攤都是傳奇，攤位許多仍保持木造。入口處的鮮魚攤，擁有超大尾頂級的藍紋鸚哥魚，雖要價不低，但保證吃到會令你永生難忘。

▲擁有大尾頂級藍紋鸚哥魚的魚攤

這裡的豬肉攤，使用砝碼來秤豬肉，畫面超級經典。攤位的木桌上面，陳列分好的肉，而老婆婆的正前方有塊很大的凹陷，她正在那凹陷裡剁肉。幾十年的光陰，造就了一個大窟窿。

▲這個豬肉攤婆婆很熱情，讓我想到我阿嬤

東門外市場入口處，往裡走幾步，是間非常迷你的LV級水果攤，上頭打著蘋果燈。每樣水果的數量都不多，卻各個碩大精緻，是送禮的最佳選擇。

▲這個水果攤雖迷你，但水果可都是極品

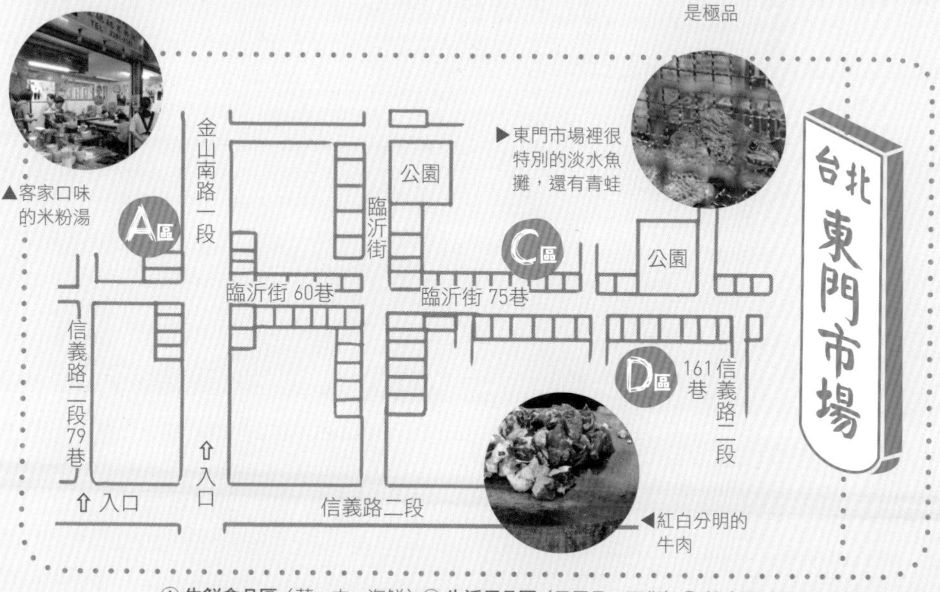

▲客家口味的米粉湯
▶東門市場裡很特別的淡水魚攤，還有青蛙
◀紅白分明的牛肉

Ⓐ **生鮮食品區**（菜、肉、海鮮）Ⓒ **生活用品區**（日用品、百貨）Ⓓ **熟食區**（炸物、醃漬食品等）

桃園中壢
第二公有市場
（新明市場）

中北

在中壢的那個冬天

「請問這是絲瓜嗎？」我問著老闆娘。

「新品種。叫黑金剛啦！」老闆娘告訴我。

「黑金剛？我以為黑金剛是花生的名字。」我不好意思笑著。

新婚後沒多久，我尾隨那個「宰殺羔羊的男孩」北遷（那是我先生在十八歲時英勇的事蹟，後來有時我會在文章裡這樣稱呼他）。先遷往台北，後又搬到中壢。

在中壢的那個冬天，我嚴重水土不服，寒害發威，我的身體每天都處於與氣候搏鬥狀態。偏頭痛反覆發作，鼻子頻頻過敏，擤鼻涕擤到快癲狂境界，又氣又無奈。我常望著窗外的強風與不間歇的大雨發愁，然後深深嘆口氣，「唉！到底要這樣冷到什麼時候？」

但也有好事。如此酷寒的天氣，吃碗油膩膩的牛肉麵如何？原本不愛油膩料理，但冷到受不了時，竟覺得那牛肉麵真是油膩得恰到好處啊。於是，中壢地區各家牛肉麵大概都吃過一輪，還有清蒸臭豆腐也很適合，辣油加到大辣，火力全開之下，暖流竄入腦門，鼻塞也通了。現在回想起來，我大概應是那時候愛上大辣料理。那陣子，先生在中央大學受訓，返家之時，總帶上一杯燒仙草或一斤在街頭冒著蒸氣的燒土豆，是老阿伯賣的，他除了賣燒土豆，還有菱角。每天晚上，他都會在攤車上點盞燈，透過那道光芒，能更清楚看到裊裊上升的白煙。

新婚的我，還不太會做菜，每天憑著記憶中母親在廚房的身影，拿

1｜2

1.前往市場路上，便可看見居民在自家外頭晒冬瓜
2.雖然攤販數量不多，但種類還滿豐富的

著鍋鏟，在瓦斯爐前弄了又弄。有時累到睡著了，聞到燒焦味才猛然驚醒，然後大喊，「哈利路亞！」，慶幸沒把房子給燒掉。

我們在中壢的租屋在一棟老舊公寓三樓，離市區有段距離。巷子口，有個用鐵皮屋搭建的臨時集中攤販，攤販不多，每次我都走來走去，繞上好幾回，勉強買些食材回家湊合著用。除了這個小市場，早上十點時，會有一輛藍色小得利卡貨車開進巷子，遠遠就能聽到車子喇叭播放著預錄聲音，「買菜，買菜，來買菜喔。」重複幾聲後，那輛車會好整以暇停在我們家樓下，之後一名戴斗笠綁著花布巾的太太會從車上下來，幾個鄰居婆婆媽媽也陸陸續續下樓光顧，邊挑著菜，邊聊著張家長、李家短的。

我剛搬到那裡時，對這輛裝滿食材的貨車感到奇異，在高雄都是到市場買菜，哪裡還會有車開進巷子賣菜的。這畫面我只在法國片《雜貨店老闆的兒子》裡面看過。電影裡的男主角，在父親病倒後回到故鄉經營父親的雜貨店，每天都開著改裝餐車到山上田園小鎮賣菜。沒想到這裡也有，好奇心驅使下，我下樓採了幾回。藍色貨車上什麼都有，不只你看到的葉菜、幾顆橘子、芭樂、香蕉、蘋果的，連你要的豬肉、魚

中壢老街溪

清晨的第二公有市場

丸、豆干、火鍋料、雞蛋、皮蛋等，斗笠太太都能拿出來給你，每樣都有，可都不多。在大雨傾盆之時，倒也滿方便的，大家擠在一起，是另一番熟悉又活絡的樂趣，只是沒得挑，常無法填滿我壯闊的心。

雖然還不太會做菜，但出門在外，什麼都得靠自己。在外頭麵館、夜市吃到的，以及回憶裡媽媽做過的，我都想憑雙手弄出來。但礙於附近的食材過少，於是找個周末，與先生機車一騎，騎到老遠。就到中壢車站附近的公有市場與新明市場。「哇嗚！」當時第一眼，就是這句話。

中壢在清朝時最早是由閩籍漳州人進入開發，但後來卻以客籍移民為主，即使至今，整個中壢仍充滿濃厚的客家文化，國民政府來台後，前後成立眷村。例如：近來以文化資產被保留下來的桃園將軍村——馬祖新村。眷村人數雖不多，但也為中壢注入不同的文化元素。

桃園地區地形以高度不一階梯形的台地為主，早期此地先民建造為數不少的埤塘，用以灌溉、儲水、調節水量。於是桃園在台灣有「千湖之縣」之稱呼。因豐沛水源，也使這裡成為北部主要米倉，以及禽畜市場的集散地。若以衛星圖觀看，便能看到桃園境內滿布的人工埤塘。中壢區，除了火車站周圍的精華地帶，國道一號以北，亦是綠油油一片，並點綴著大大小小的埤塘。

中壢境內，有二條溪分別貫穿——老街溪與新街溪。老街溪在台鐵車站以西，新街溪則在車站以東。從中壢車站出站後，往西邊走，越過老街溪，約一・二公里，便抵達第二公有市場與新明市場。

那年初次到第二市場的早晨，是移居中壢後，最開心又驚喜的一天。我與先生一攤逛過一攤，黑豬、白豬、整街的青菜、看不完的水果，還有活蹦亂跳的海鮮。過了明德路，到對面攤販。天啊！居然還有，整個市場巷弄這樣走著，繼續逛、逛啊逛、努力逛，然後大包小包提到手痛。不久，我和先生停在一間蔬果批發行前，我提議著，「咱們再買點蔥吧！這個蔥看起來生命力很旺盛呢。」先生停頓幾秒，他蹲了下來，認真瞧了瞧。「這好像不是蔥，是蒜耶。」

「哪有這麼小支的蒜？在高雄，蒜都又粗又長的，每隻都比蔥巨大很多。」我不服氣地說著，心想怎會出錯呢。

「但你看，蔥花不都是空心的。這長長的葉，並不是空心的啊。而且顏色也偏翠綠，不像蔥那麼鮮綠。」

1｜2　1.非常少見的海魚
2.茭白筍與充滿活力的青蔥

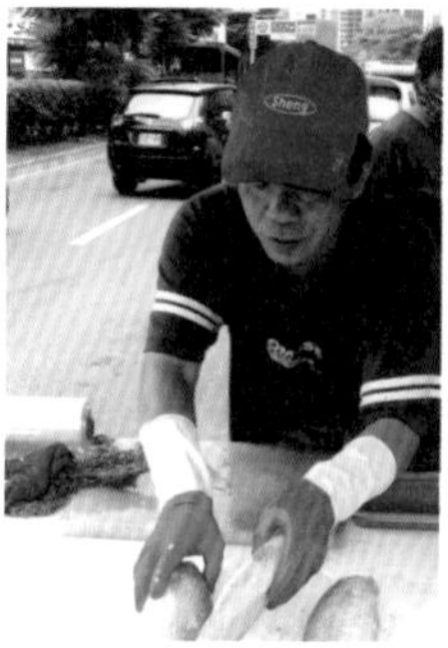

賣魚的老闆

清晨甫出土的竹筍

「咦，有道理呢。」這時我也蹲下，正思量，先生拉開嗓子，「老闆！請問這是蒜嗎？」他大聲問起。

「對啊，是蒜沒錯啊。」老闆看著我們回答，有些欲言又止。他大概覺得很奇怪，這二個人怎麼連蔥蒜都分不清哩。

那天我提著好幾袋，裡面不是名牌包、新潮衣或高級鞋款，僅僅只是蔬菜、鮮魚、五花肉，還有一整串的蒜苗。我感覺自己突破了身體的不適，心情正高昂著，又再次找回了活力。

今年夏天找個假期，我帶孩子返回中壢。也沒到其他地方，就把市場走了一遍。對我來說，我是在找條回到過往，年輕時走過的路。每走一步，往事就益加鮮明，我不斷拉著孩子說著：「這裡這裡，就是這裡。」、「那裡那裡，媽媽也來過。」

木頭推車的葡萄、鳳梨、愛文芒果、佛手瓜。白色籃子裡的苦瓜、大黃瓜、菠菜、檸檬。整箱的百香果、金煌芒果。百香果裡插個牌子，寫著一箱一百，香又甜喔。還有西瓜、美人瓜、大南瓜；白菜、韭菜、湯匙菜等。

有個攤販，藍色塑膠籃裡放著很特別的蔬果，短短肥肥圓滾滾的，它的蒂頭像絲瓜，表皮粗糙也像絲瓜。但形狀卻像西瓜，紋路也像西瓜。

「請問這是絲瓜嗎？」我問著老闆娘。

「新品種。叫黑金剛啦！」老闆娘告訴我。

「黑金剛？我以為黑金剛是花生的名字。」我不好意思笑著。「是絲瓜與西瓜嫁接的嗎？」

「我也不清楚啦，可是這個很清甜喔，很好吃哪。」

又犯了心癢的毛病，我好想買回家吃吃看啊，但那麼重，家又在遙遠的南方。我與老闆娘道謝後，轉到隔壁，隔壁短髮婆婆正削著裝滿麻布袋的竹筍。「阿婆，請問這都你自己種的嗎？」我看著這些沾滿泥土的竹筍問著。

「我自己種的啊，全部都是，你看這都是我透早去摘的。」短髮婆婆的右手正不停地畫下一刀又一刀。我注意到他的手，刻滿了歲月滄桑與一籮筐故事。

「阿婆，」我撿起竹筍看著。「請問你是這裡的人嗎？」

「不是，我是新竹人。」

麻布袋上，放的是南瓜與西瓜

「新竹？從新竹來的喔？」

「對啊，從寶山那裡，不會很遠啦，你知道我這竹筍很新鮮的。我常把沒賣完的竹筍削片，煮起來放在冰箱裡。回家就先吃一碗，你知道嗎，很退火的喔，都不會感冒的啦。」老闆娘與我抬起槓來，我聽她說了好久，直到孩子在旁邊猛拉衣角，暗示好幾回，我才不捨地離去。

有個豬肉攤，拍照時年輕老闆真是爽朗，他蓄著及肩中長髮，自稱是豬肉帥哥，在我拍照時，擔心自己長得太帥，會太多人慕名而來。另有間魚攤，幾個像是高中生的男孩正顧著攤位，看到我按快門時異常興奮，不管我解釋了幾次，其中一位都不停大聲喊著：「我出名了。我出名了。明天X果日報就會看到我了，我再也不用顧攤了啦。」

我大笑出來，與高中男孩揮別。走了一遍，雖然過了很多年，但市場其實沒什麼改變。有的應該是賣的人易主了，老了，或換第二代了。中壢的豬肉與鮮魚，品質還是一級棒。蔬果、魚類同樣多數來自於新屋的永安漁港，這是全台灣唯一以客家族群為主體的漁港，魚種有鯧魚、黃花魚、鰹魚、鰆魚、瓜子鯧等。

離開中壢前，我帶孩子到一間老牌牛肉麵店用餐。這間牛肉麵店原來就在市場旁邊，以前來過好幾次，但都是被先生載，好命到連路都記不得。「老闆，二碗牛肉麵。」我點著，再找

客家族群最拿手的粿

淋上辣油，夠嗆的牛肉麵

個位子坐下。「出來玩啊？」一名老婦端來牛肉麵，與我聊起來，我點點頭。「騎摩托車嗎？」她又問著。

「不，我們走路。」之後我起身，去後面的冰箱拿盤涼拌干絲。

「走路啊？住附近嗎？」她有點吃驚地說。

「住高雄。」孩子拿起筷子與湯匙，夾起麵條，正想好好享受，順便回答了她。

「高雄？那從中壢車站走來啊？」這下子她好似更感興趣了。

「是啊，很多年前住過中壢，來你們這裡吃過好幾遭，這次帶孩子來回味一下。」我喝了一口湯，回應著老婦。

「哇！那很歡迎耶。」老婦呵呵地笑起，臉上的皺紋更明顯了。

「覺得這裡沒什麼變呢。」我環顧四周說著。

「我們做那麼久了都沒有變啦，你看這裡還是很多附近的老顧客。」老婦也隨著我的目光看了看客人。

「嗯！你們的麵吃起來真的還是跟以前一樣。」我細細咬著麵條，與她分享。

「對啊。像隔壁那間，廣告打得很大，還到台北開分店呢。我們就想維持穩定品質就好。你看，我們連這裡供應的開水，都是很好的礦泉水。」老婦指了桌上擺著一大瓶開水說著。

「咦，真的耶。過去我怎麼從沒注意到呢？現在一般像你們這樣的店家應該很少免費供應礦泉水吧。」

「現在沒那種店了啦。我們就想說吃牛肉麵嘛，有時會想喝點水。又不想隨隨便便給你們水喝，乾脆拿自己喝的礦泉水。來，弟弟會不會渴？要不要喝點開水？」說完她倒了一杯開水，拿給孩子。

我們連忙道謝。「謝謝！謝謝，我們自己來就好了，不用忙啦。」

「沒關係！那你們慢慢用喔，不跟妳們聊了。」說完老婦轉身便離開到後頭忙碌去了，於是我與孩子對望了一眼，繼續大啖這碗公的牛肉麵。

吃著吃著，我跟孩子娓娓說起一個故事。一對年輕男女懷抱遠大夢想，從南部到北部發展，最後還是選擇回到故鄉。當十多年過去，不管夢想是否有實現，他們共同跑了好多地方，也經歷了許多大風大浪。而如今，「最珍貴的，是你喔。」我看著孩子，對他說。孩子正咬下筷子上的大牛肉，眼角轉過來看著我，開心地笑了笑。「下次等爸爸有空，我們再一起來中壢吃牛肉麵好嗎？」這回他正咀嚼著牛肉，用力地對我點點頭，又露出可愛的笑容，然後趕緊再喝口熱湯，吃起麵條來。

FOLLOW ME
路得帶路逛市場

桃園中壢 第二公有市場

那年初次到第二市場的早晨，是移居中壢後，最開心又驚喜的一天。我與先生一攤逛過一攤，黑豬、白豬、整街的青菜、看不完的水果，還有活蹦亂跳的海鮮。整個市場巷弄這樣走著，繼續逛、逛啊逛、努力逛，然後大包小包提到手痛。

▲我家的香蕉掛來可有層次感的

▲賣葡萄的爺爺

▲二側為市場攤販

▲市場裡的菜農

▲擺在地上的蔬菜攤

如何抵達　中壢第二公有市場位在火車站西方約 1.3 公里處，步行約 17 分鐘。只要出車站後沿著中正路，至明德路右轉即可抵達。也可搭乘桃園客運 131/5042 等於舊社站下車，步行約 140 公尺，即可抵達。

‧走中山路，第二公有市場要到了

中壢市場的菜販，還看的到一種特殊品質的蔬果，長得短小、肥厚且圓滾滾的。它的蒂頭像絲瓜，表皮粗糙也像絲瓜，但形狀卻像西瓜，紋路也像西瓜。其實這品種屬於絲瓜，只是更加清甜。

▲新品種黑金剛的絲瓜

清晨從新竹寶山來的短髮婆婆，帶上整個麻布袋的竹筍到此銷售。她的竹筍沾滿泥土，全部都是自己種的，而且還是一大早現摘，甫出土的瑰寶。

▲從新竹寶山來的婆婆

客家鄉親多半有賽豬盛事，因此豢養的豬隻也是重頭戲。這間豬肉攤老闆雖然年輕，但攤位上販售的豬肉卻非常之多。他也很有自信地告訴我，他們家的豬肉最好吃。

▲好吃的豬肉攤

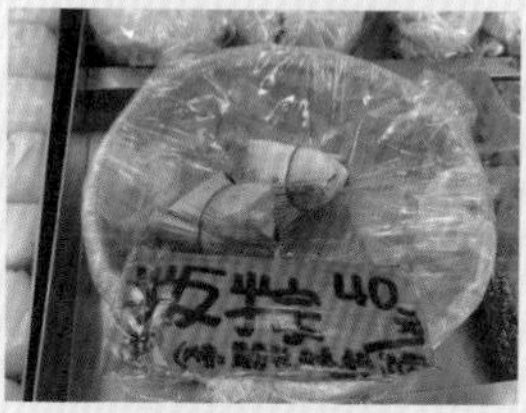

客家人對於做粿相當拿手，在中壢就常看到各式各樣、五顏六色的粿。客家粄粽又名粿粽，以糯米粉製成。除了必須炒餡料以外，包粿粽時雙手得抹上油，以免黏手。

▲我是客家粄粽

佛手瓜在市場不常見，又名合掌瓜。果肉呈白色，可以用以醃漬、燉排骨湯或做成涼拌沙拉。也能拿來煎蛋，清爽宜人。

▲這裡還有佛手瓜

▲中壢名聞遐邇的牛肉麵

石狗公魚又稱為石頭公魚。頭型偏大，嘴巴圓寬，身上斑點有些類似石斑魚，看來有些猙獰。但肉質柔軟鮮美，適合清燉或紅燒，煮成湯亦著實美味。

▲難得一見的石狗公魚

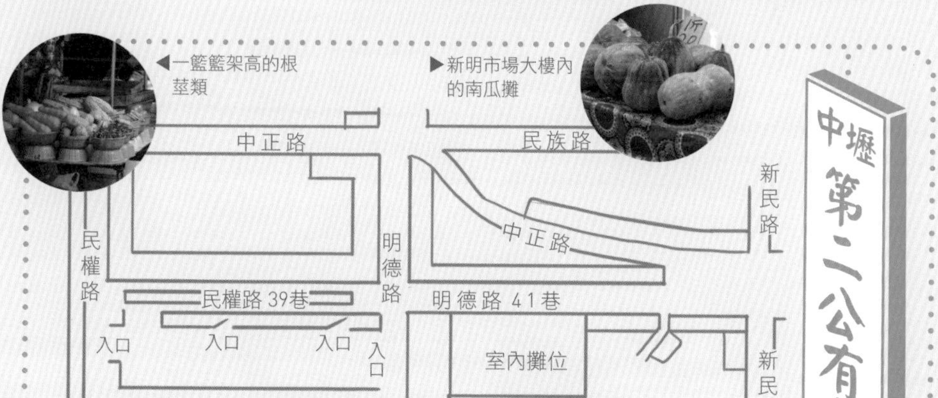

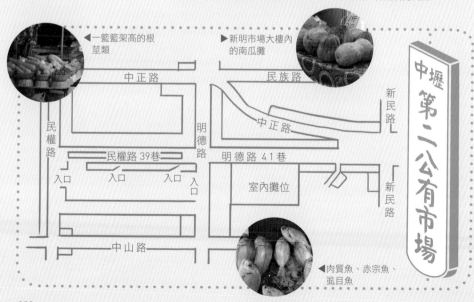

新竹 中央市場

Hsinchu

中北

我在科技城，與風邂逅在傳統古都大菜市

「新竹風，新竹風
輕輕的聽風來唱歌，一步一步走入竹塹城
遠遠的十八尖山，深情的南寮漁港
住在這，有風來作伴……
——摘錄自陳明章〈新竹風〉

我對新竹最早的印象，是在小學到台北北投畢業旅行時，回程的遊覽車在新竹下了交流道，規劃了一頓圓桌團體合菜的晚餐，不免俗，緊鄰餐廳，是新竹伴手禮店。我年紀雖小，卻記得長輩曾說：「新竹啊，風勁大。米粉尚好喫。」於是我拿出媽媽給的零用錢，買了包新竹米粉，之後看到一大盒花花綠綠、顏色五彩奪目的蜜餞，也心動地買了一盒回家。那年，我十二歲，懵懂無知的年紀。

長大後，到新竹次數多了。大學時，有位摯友，她男朋友是新竹人，陪她跑了幾趟新竹，但遊玩居多。直到婚後，有段時間，先生接到竹科大案子，那幾個月老往新竹跑，我有時利用周末閒暇就跟他去。

到新竹，坐國道客運次數多於鐵路。若冬季時分到訪，在客運下交流道後，只要一下車，馬上就能體會那風速每秒二十公尺的九降風威力，所有的髮絲被吹到老高，交錯糾纏一塊兒，然後眼睛猛進沙，滿難受的，這風勢在交流道旁，因空曠地而愈發猖狂。據研究，九降風是與地形有關，從農曆九月份開始吹襲，因新竹的山脈處東北——西南走勢，東北季風無任何屏障，直接灌進竹塹平原，又因位於雪山山脈背風處，風雖大雨水卻少，乾冷氣候造就此區成為風乾食品的最

沿著護城河的綠帶

佳製造所，像新埔的柿餅、大南勢米粉寮的米粉。而不只東北季風，當夏季西南季風吹拂時，新竹也一樣無所遁形，被強風直直吹送。

新竹，因古時原住民竹塹社人在此居住活動，舊稱為竹塹。十七世紀有西班牙傳教士抵達，鄭成功時期開始有漢人進入，清朝泉州人大批往市區發展，建立閩南人部落。十八世紀廣東人至竹東新豐等地屯墾，在新竹郊區建立客家移民聚落。因舊城市區擁有廣大平原水田，閩客之間常為了一席之地而戰。直到如今，除了官方國語外，閩南語仍是新竹市區主要語言，而出了新竹市，外圍郊區則以客家話為主。

當今新竹遠負盛名的，應該是「台灣矽谷」之美稱。全台第一座科學園區、國家太空中心，連新竹的外海長康油田，亦為迄今成功開採原油之案例。其中園區內電子科技業、半導體業等，領著台灣走向國際，與世界接軌。毫無異議的，如此科技大城正扮演著台灣進步的推手，不只如此，新竹還貢獻了全國第三名的稅收，僅次於天龍國與新北市。就連大專院校，比如在竹科園區與市區中間的清華大學與交通大學，也孕育著台灣無數最頂尖的人才，在各領域中發光發熱。

科技如斯蓬勃，然而此地卻仍有另一面。根據新竹市文化局的資料，新竹擁有二十九個市定古蹟，與五處國定古蹟的城邑。這些古蹟多為近三百年來的文化遺產，使這個台灣矽谷，揉合了古色古香，成為北部地區名符其實的重要古都之一。

之前到新竹，都會到廟口覓食出了名的小吃，紅糟肉圓、淋上肉燥的炒米粉、加了香菜的貢丸湯。也去吃過無數回鴨肉米粉，點了一大盤鴨胗鴨腳滷味、剁過半隻鴨吃到飽撐；亦曾走到市場，意圖想經由這裡的食材、熟食，來體會這個閩客合一的市集。

十八世紀清雍正時期，淡水廳治移至竹塹，竹塹建城，蓋了東西南北四個城門，又名淡水廳城。從舊地圖來看，城隍廟正面對一個小三角形的分隔島，位於城內中心位置。那分隔島現在也還留著，到廟口逛逛的時候，會發現面朝著三角形的店鋪，如今各個通通夯的不得了，若來這裡一遊時，再怎麼說也會讓你淪陷好一陣子。廟宇南邊的土地銀行與中央市場一帶，據說在清乾隆時，是北台灣最早的新竹監獄，及至一九二四年，才遷至延平路新竹少年監獄，而關在這裡的受刑人，主要會到城池西北方稻田從事耕種。當時新竹市仍有一大片豐沃平坦的水稻田渠，無怪乎閩客先民會為了爭奪這塊土地動刀動棍，打了很多年，新竹監獄遷走後，日治末年土地銀行那裡開了日本勸業銀行新竹支店，戰後才改為土地銀行，而這整個區塊皆為舊時代竹塹城正中央精華地帶。

這次我特意坐台鐵到新竹，出站後步行到中央市場。在東前街與武昌街交岔口，會有一座棗紅色日式建築，那是建於一九〇五年昭和年間的台灣銀行新竹支店，後改為交通銀行，

1｜2

1.老闆娘與女兒正將肉乾裁成小片，修掉焦黑處

2.市場入口處擠滿了買菜的婆婆媽媽

在這裡左轉，就可看到中央市場。

中央市場的招牌上畫了蔬果鮮肉海魚圖案。這裡有公共腳踏車站，方便大家騎車來買菜。從入口的花傘下，千萬別被幾乎擠得密不通風的人潮嚇退，裡面的好料正聲聲呼喚你。

第一攤顯而易見的就是客家料理。一個個超大蒸籠的黑糖粿、芋籤粿、水晶餃與河粉，蒸籠下就是鍋爐，文火開著，在市場內現蒸好，打開時還煙幕瀰漫的，讓你捧在手心上吃的時候還暖暖熱熱的。

入口旁是花式銅鑼燒糕點。剛做好的餅皮，內餡有奶油、花生、淡綠色的鮮奶抹茶或粉紅色的草莓牛奶。底層還有大眾風味的紅豆麻糬、花生麻糬，獨具日本手藝，攤前包圍了一群婆婆媽媽，我花了好大力氣才擠進去看，口味相當精緻。

往裡走，先是生活雜貨。另一番療癒是為了滿足女性朋友衣櫥永遠少件衣服、少雙鞋子的困擾，這裡有許多款式的衣服出清或鞋子特價，飾品皮件，也讓你挑到嗨。

衣飾區走過，蔥油餅、萬巒豬腳、綜合滷味這兒也都有。一位老媽媽正烘完豬肉乾，紅紅咖啡色亮著金光，她和女兒把這些一一裁成小片，並修掉角落焦炭處。中央市場的年代雖然久，牆壁多有斑駁痕跡，但總體上當初的規劃挺周延，不但地板牆壁鋪有磁磚，而且走道還裝有日光燈與風扇，並非只是靠兩側攤販點照的燈泡來照明。

蔬菜攤老闆，精心挑選上好的食材，除了一般葉菜，他還有紅莧菜、芥藍、茭白筍、秋葵等，並將之整齊放在白色籃子裡，與他對談幾分鐘，他對我說，「還要拍照嗎？」考慮一會兒後，馬上展現笑瞇瞇的神情。後面那攤，讓我為之著迷，那是貢丸攤的小型工廠，煮好的貢丸、燕丸等，放進一個個紅色淺籃，再置於鐵架上放涼。我很喜歡看到剛剛煮好的食物，就像自己在廚房東弄西弄後，孩子總愛在最後一刻跑進廚房，用小湯匙舀著鍋內料理，不斷說要試吃，那使我感到踏實。

鐵架後，是一名婆婆的身影，燈光沒有太亮，但依稀可見風霜刷白了頭髮。她正在包粽子，我走進。她對我微微笑，「這粽子啊。」開始聊著，「我料都用很好的，你看你看。」她右手抓了把蛋黃香菇，叫我近前看。我將眼睛挪近，看著收乾的鴨蛋黃、滷入味的香菇，和鍋內那炒成棕色的糯米。「這粽子的生意應該很好喔。」我喃喃說著。「因為我都現包的啊。」婆婆聽到了，她回答的時候，完全沒有任何遲疑。

棗紅色建築為
1905年台銀新竹支店

後來我才知道，這小工廠的攤位在前頭，而且還是貢丸名店。攤位擺設別出心裁，還點綴綠意，招牌是LED燈。不只是貢丸，還有大腸、粉腸、魚捲、黑輪、炸雞塊、炸蔬菜等，另外臘肉火腿也高高吊在上方。

新竹近海處的南寮漁港，遠近馳名。只是魚攤的海鮮，魚類似乎少了些，有蛤蜊、肥美的鮮蚵、小卷、中卷與肉質魚，不過我倒是看到一片很大的鯊魚皮。「這是可食用的喔！」老闆娘囑咐著，我笑了笑，點點頭。

再來是自助餐店，每盤料理我都看得很清楚。聽說最近韓劇到中央市場取景，拍攝一九九〇年代的場面，影片中有一幕是人們在夾自助餐，菜色不很明顯，但我在這裡，可是看的一清二楚。市場裡的自助餐，生意也非常好，東坡肉、燴豬心、豬腿與炸魚，它提供很多家庭主婦現成的美食，省去每道料理都得自己做的時間。

拐彎處雞肉攤的太太，高雅的磨著刀，她賣著土雞、黑骨雞、鴨肉與鵝肉，最特別的是一瓶瓶的雞油。「我自己煉的，油很香也很純喔。」她對我說著，說話的時候一樣高雅。另一旁的雜貨攤，是我探索的好地

每類蔬果都整齊地放在籃子裡

1｜2

1.自助餐的炒豬肚
2.雞肉攤太太自己熬煉的雞油

方，每個地區的雜貨攤賣的東西都與日常生活息息相關。我細心查看，發現這裡的攤位還有販賣四神湯的中藥材，數量也頗多。一包包裝好的杏仁粉、熬煉好一只只玻璃瓶裝的冬瓜糖汁、老麵饅頭、割包、一碗碗油蔥酥。另有潮州甜粽、素粽、古早味粽等。當然黑木耳、白木耳及各種等級的香菇、花生、豆類等，在這裡也是必備產品。

走過長長的店家，又經過菜販、水果攤、餛飩水餃店。不知從哪個出口走出來時，一間老厝就在眼前，漆成瑪瑙紅的大門前，就掛滿綠油油的大小盆栽，那是古都裡的賞心悅目時刻。懷舊的木造房子，擺在傳統市集旁，不時颳起強烈陣風，會使人在霎那間恍若物換星移。

新竹的風對我這個港都人來說，不管去了幾趟，坦白說都難以適應。我常戲稱，身體一定要夠強健，骨子夠硬朗，才有辦法挺過這種經年勁風。不過，音樂人陳明章的〈新竹風〉，我倒是很喜歡，略帶沙啞滄桑與低沉嗓音的他唱著：

「新竹風　新竹風
輕輕的聽風來唱歌　一步一步走入竹塹城

市場也是大夥聊天，交換意見的好所在

老厝上頭還有市集的招牌

遠遠的十八尖山　深情的南寮漁港
住在這　有風來作伴
一啜一啜一啜的米粉絲　日頭照到春風微微
城隍廟邊　燒燒的貢丸香味
透早到陰暗　一年過一年……」

當走出園區的科技光環，進入竹塹城的古都市場，我感到愜意，快活與慢活同時並存的一個都市，看你是屬於哪個族群。大學剛畢業時，大概是想躋身科技人一睹風采，但如果是現在的我，反而傾心於〈新竹風〉歌詞裡的那番意境。我覺得，我在這樣的生活裡享受到自由，對我來說，那是份流傳下來的美好。

我在科技城，迎著九降風，聽著陳明章唱的歌，與風邂逅在傳統古都大菜市。

FOLLOW ME
路得帶路逛市場

新竹中央市場

中央市場的招牌上畫了蔬果鮮肉海魚圖案。這裡有公共腳踏車站，方便大家騎車來買菜。從入口的花傘下，千萬別被幾乎擠得密不通風的人潮嚇退，裡面的好料正聲聲呼喚你。

▲鄰近中央市場的新竹生活美學館

▼市場內這類肉質魚以油煎非常美味

▲市場百貨區

▲此處為古時護城河，如今成都市之肺

▲走林森路，可看見護城河噴水池

如何抵達 出台鐵車站後，走最近的路是站前的林森路轉南門街，但時間若允許，走中正路到東門圓環，沿著護城河散散心，這條護城河與左營舊城護城河是目前台灣僅存的二條；之後可在迎曦門享受陽光的滋潤，再走東門街。當遇到東前街時，你可以到城隍廟品嘗小吃，也能直行到中央市場。

・看到這紅色建築，市場即在咫尺

中央市場入口旁，有攤推車流動小販，賣的是花式銅鑼燒糕點。剛做好的餅皮，內餡有奶油、花生、淡綠色的鮮奶抹茶及粉紅色的草莓牛奶。底層還有大眾風味的紅豆麻糬、花生麻糬，屬於正港的日本手藝。

▲口味豐富的日式銅鑼燒

市場內是大夥兒意見交流、心事分享的地方。它滿足了精神上的慰藉，供應各類想大顯身手時使用的食材，同時也提供諸多熟食與百貨飾品。

▲市場內也有販售百貨飾品

▲這裡有土雞、仿雞、烏骨雞

市場的入口處，第一攤就是客家料理。偌大的蒸籠下就是鍋爐，文火開著。在市場內製作蒸好，打開時須「撥雲才能見日」，但嗅覺會最先啟動。捧在手心上吃，有著暖暖熱熱的滋味。

▲客家料理的芋籤粿

拐彎處的雞肉攤太太，姿態非常高雅地磨著刀。攤上有土雞、仿雞、烏骨雞、鴨肉與鵝肉，最特別的是一瓶瓶她自己提煉的純品雞油。

▲雞肉攤太太正高雅地磨著刀

▲現蒸好的河粉

收乾的鴨蛋黃，滷入味的香菇和鍋內炒成棕色的糯米。粽子婆婆秀出包好的粽子，「我都現包的啊。」她爽快回答的時候，完全沒有任何遲疑。

▲包好的粽子

市場裡的自助餐，生意搶搶滾，放眼望去有東坡肉、燴豬心、豬腳與炸魚等。這裡提供很多家庭主婦現成的美食，節省了每道料理都得自己做的時間，最棒的是能夠外帶到喜愛的地方用餐。

▲市場內的自助餐店菜色多樣

▲小籠包狀的水晶餃

苗栗

竹南市場

Miaoli

中北

哪一種笑臉

嘿！我說。

親愛的，今天你是哪一種笑臉？

中壢回味之旅中，也順道來到苗栗竹南市場，不怕你笑，在拜訪這裡之前，我對此地是全然陌生的。

說來奇怪，我之前鮮少到苗栗市，台灣各個縣市，都有我頻頻踏過的足跡，三義、南庄也去過，木雕尋幽，桂花釀飄香，但獨缺苗栗市。直到前二年，我跟先生說：「我從來沒有去過苗栗耶，要不要去看看？」

找了一天，坐上火車，便往苗栗市區挺進，那應該就是我生平第一次踏上苗栗市土地，又剛好遇到猛爆寒流，返家看新聞才知，苗栗市那時只有六度，難怪我口中呼出來的 CO_2，清晰可見。最後終是受不了冷空氣，手套、毛線帽一一出動，還綁上超厚圍巾。

那日的苗栗之旅，有點冷清，不如預期。天氣冷颼颼，我們都很納悶為何路上人們稀少，逛到北苗市場，但真的不大，零星幾間攤販。街頭，安安靜靜，沒什麼店家，走了老遠，二隻腳快麻痺凍僵了，終於看到救星，一間麵攤。「哇塞！是一間竄著濃煙的麵攤呢！」還等什麼啊，一家人高興到像在沙漠中得到一大盤八寶剉冰。

還好那一碗湯麵，不只讓我們吃飽有力氣走回去，還喝了一大碗公的燙口的高湯，不至於失溫。而那間麵攤老闆娘，即使是在滾燙的麵湯

抵達竹南市場囉

水前頭，還是戴著毛線帽，穿著套頭毛衣與澎澎的背心，可以得知那天到底有多麼冷，北風又是如何強勁，連苗栗人都把自己包得暖暖的。告別苗栗前，到麵包店買點心，與店員聊天聊得夠久，才知道苗栗分為北苗、中苗與南苗。北苗基本上都是住家，中苗有學校、車站與飯店，南苗才是最熱鬧逛街之處，這是當地人自己慣有的劃分。而我們出車站後就一路往北走，還走進巷子裡，但從頭到尾都沒離開過北苗。

幾年前某個夏天在法國馬賽港漫遊時，巧遇一位台灣女孩。那天天氣晴朗，這位女孩從我身後像兔子般箭步跑來，急促地拍了拍我的背，剛開始用法文說話，我搖搖頭，之後就聽到熟悉的語言了。原來那女孩是竹南人，到法國學建築，學成後就在當地工作。那段時間剛好從巴黎搬到馬賽，據說馬賽港的台灣人較少，鄉愁油然形成，因此遠遠地在路口看到我與先生，便跑了過來。「我就知道，我直覺你們一定是台灣人！」那女孩用興奮的神情，斬釘截鐵地說著。那個傍晚，我們尾隨她與她的法籍男友到朋友家用餐前酒，當她朋友開門時，我還一度對於親臉頰禮儀有些尷尬，後來發現所有人早就習以為常地聊起天來，只有我在那裡不自在難為情。不過，品著餅乾、點心與現調飲料，得知這些朋友有的來自西班牙，有的來自摩洛哥，我也稍微見識，有群人致力要獲得更好的生活，而百般努力地融入法國社會中，萍水相逢，卻是一個美好的午後。雖再也沒見過面，但就對竹南人留下很深刻的印象。也或許如此，當看到某篇報導提到竹南市場很大，還得到經濟部評鑑三顆星，便決定趁著這次到中壢，中途停下車走走看看。

說來慚愧，過去我刻板以為竹南屬於新竹，研究後才知，竹南鎮位於苗栗最北邊的沿海地帶，與新竹比鄰。苗栗因境內山地多平原較少，地形相對其他台灣西部縣市較為崎嶇，因而素有山城封號。清朝時客家人大舉移民，達開墾之高峰，衝擊當地之原鄉人，因此在苗栗縣內使用客家語的比例相當高，然而竹南鎮即使屬於苗栗，卻很特別，這塊沿海土地上的閩南人卻多於客家族群。

從竹南車站西站出來，我走向博愛街，約莫過了三個十字路口即達民族街。早上的民族街很不一樣，中間的雙黃線就是機車停車場，好像大家都說好般，機車一台接著一台自動靠攏。民族街礙於這個不成文的停車場，臨時攤販不多，以街道兩旁店鋪為主，有鞋行、藥局、精品屋、飲料店、銀樓、開放性雜貨行，還有一大間頂好超商。

街上的小吃麵館

賣玉飾、項鍊的大姊有著溫和的笑容

熱情的賣豆類老闆娘

從民族街小麵館對面昏暗的入口，即能進入第二公有市場，竹南市場最早興建於民國五〇年代，歷經改建與修建，場內攤位多為整齊劃一的白金工作桌，走道鋪有磁磚，乾淨且明亮。一般人對市場人的印象，八成都是看到攤販低頭理貨，忙著兜售，幾乎鮮少停下工作，這是市場的常態，雜事過多，且都必親力親為。竹南市場也相仿，但比較獨特的是，當我走進市場表明要拍照時，多數攤位主人會投以我甜美且落落大方的微笑。

這樣說來，好像其他市場都不親切似的，當然絕非如此。台灣人勤奮打拚，市場人尤為代表之一。他們保留不矯揉的真性情，多半樂於協助與接待他人，然而面對鏡頭時，卻常有不願曝光之考量。他們是羞赧的、低調的，也擔心不上相。但竹南市場裡的攤販，不知是否先前已辦了幾場活動，大家反而在鏡頭前相當優雅且自然。

拿我看到的攤位來說吧。一進來大概就會被賣水餃少婦燦爛的笑容感動到。他們這攤位是個團隊，幾個太太們人手一只塑膠淺盤，一落水餃皮，調好的內餡。每天她們會現場包出上千顆餃子與餛飩。各種韓式酸辣的、韭菜的、高麗菜、蝦仁的，或是溫州大餛飩。

賣豆類素料的攤位，老闆娘正在點貨，她查看台面上短缺的物品，正從旁邊拿出些料補齊。她的豆料是剛炸好的，表皮仍可看到閃閃的光澤；她也賣白豆干、中部來的筍絲、黑胡椒海帶素肉和一大袋的海帶捲與海帶芽等。從食材種類與數量，多少都能看出當地人對於哪幾種食材的偏好。當她看到我時，也給我一個巷口大嬸式的友好微笑。

即使專攻食材，但市場裡販售項鍊手環飾品的攤販大姊見著我，也溫和地笑了笑，愉快地展示她家高貴的翠玉珠寶墜子。

拍著魚時，一直是讓人情緒高漲的時刻，因為每間市場的魚會依地區性與季節性約略差異，你不知道今天這間市場會給你什麼樣的魚種，所以反而會很期待，有時還會帶給你振奮，像宮崎駿筆下小梅遇到龍貓時的俏皮雀躍。這裡的魚販大哥恰好擺了一個pose，他一手插腰，一手平放在架上，嘴角稍微上揚，就是很瀟灑的樣子，帶著有點酷味的微笑。也許他心中此刻正吶喊，「我是正港漂丿的賣魚郎啊。」坦言之，他的魚也果真很多，由於竹南是靠海小鎮，所屬的龍鳳漁港，位在龍鳳大排與冷水溪出海口，除了多種漁產之外，當地仍保有人工牽罟這種古老的捕魚方式。因而竹南市場合計一百多個的攤販裡，魚攤就有三十多

市場上熙熙攘攘買菜的顧客

竹南靠海，漁獲很豐富

間，冠於禽肉、畜肉、蔬菜水果攤或五金雜貨。

魚販大哥的魚貨不用說，深海的紅尾冬、黑格魚、鮪魚、鮭魚、紅點魚、百花鱸、鱈魚、整箱保麗龍鐵灰色的白帶魚。白帶魚的黑眼珠感覺上還特大，好像威風凜凜地瞪著你看似的。

其他魚攤的魚群也很壯觀，多到讓人看得眼花撩亂。一個略微年長的大媽，一家人皆投入賣魚工作，她們家有二格魚攤，先生和女兒負責這頭的魚，她則戴著老花眼鏡低頭看著紙條，清點另頭魚貨，當我走進她們的攤位前，她的眼睛從鏡片上方看了我一下，「有要買什麼嗎？」然後莞爾，給了我一個放心的笑臉。她們家的魚一籃籃的擺著，紅籃子、綠籃子、黃籃子，籃裡鋪著三分之二的冰，各種魚就平放在冰塊上，他們家的魚還多了鮸魚、馬頭魚、馬加魚，以及看來超彈牙的小花枝等。

魚攤之後，我開始逛肉攤。雞鴨等禽肉數量也很多，我在某間肉攤前停下，這攤豬肉攤非常突出，因為工作台是打洞的，當肉類全部攤好，底下就吹出涼涼的冷風。我與老闆聊了一會兒，明白他的用心良苦與真實付諸行動，提供消費者一個最鮮美的溫體豬肉，當拍完照片，我走向下一攤。不久，後頭有人點了點我的肩膀，有些熟悉感，但這次是用指頭點的，且力道輕了些，我有種似曾相識，一回頭，啊，非也。不是那位馬賽港的女孩，是剛剛的肉攤老闆。

「小姐，我剛剛沒有擺好pose啦。你要不要再多拍幾張？」他略為不安地問著。

「喔，」我有點沒反應過來，過了一下，才趕快回答。「好啊，那有什麼問題，想拍就多拍幾張呀。」我欣然答應。

於是，肉販老闆拿起磨好的刀。

「像這樣？」他難掩開心地笑著，擺了一個切肉的樣子。

「好！」我笑了笑，喀嚓一聲。

「這樣呢？」這回他又換了個姿勢。

「好！」我抿著嘴，忍住笑聲，再喀嚓。

「那這樣好不好？」他再喬了喬角度，還是很高興。

「OK！」我比了比手勢，最後受不了哈哈地大笑出來，只差沒捧腹。「哇，很讚喔！」再按下快門。說真心話，那天市場內氣氛還真融洽，我也相信大家都拍照拍到很忘我。

刺鯧魚、黑星笛鯛、白鯧魚等

肉販老闆與新鮮的肋排

我最愛這樣，各種水果豐富的畫面

從桃園來的女孩，
賣著各式涼拌

從和平街的市場出口，兩旁一樣是龐大的蔬菜販，蔬菜多到像海浪，菜販老闆娘就像浪花中的一艘帆船。有大白菜、麻筍、芋頭、牛蒡、大冬瓜、百菇類、空心菜、油菜等。這位老闆娘爽快地眉開眼笑，手指頭對著我比著耶的手勢。隔壁攤老闆娘則忙於銷售蔬菜，下一攤還賣著塊莖類、新鮮出土的蓮藕、果實飽滿的蓮子、山藥等。

精美的水果攤，有梨山的蘋果、空運來台的櫻桃、改良過的無籽葡萄。我經過，看到一位盤髮，穿著休閒牛仔褲的清秀女孩。她有一只木桶的油飯，一大鍋的炒冬粉，少說有二十種的涼拌小菜，像辣蘿蔔、韓國泡菜、黑胡椒毛豆、豆干絲、脆筍等。

「這些都是你自己做的嗎？」我看著這位年約二十出頭的女孩提出問題。

「是啊，全部都是我自己做的。」女孩說得既乾脆又篤定。

「哇！你好厲害耶。雖然是素食，但這麼多樣！你一定要很早起來做喔？」我不可置信地說。

「還好啦。」女孩露出害羞的笑容。「我媽媽教我的。我每天都半夜就得起來做了。」接著她拿起一包涼拌菜。「但像這個就必須前一天晚上就做好，因為是涼拌，所以做好的時候還要等菜涼了，才能放進去冰。」

「那工作量也挺大的呢，因為我看你的菜色很豐富。你是竹南人嗎？」我問著。其實她還真讓我想起那位在法國遇到的竹南女孩。

「不，我是從桃園來的。」

「桃園？」這答案還真超乎我想像。「那不是很遠嗎？」

「不會啊，我就每星期固定都會跑幾個市場，習慣了。」她很輕鬆的就回答我，讓我不得不佩服她的勤勞與毅力。我和她又交談了幾分鐘，「加油喔！」離開前我對她說著。只見她表情由純真轉為堅定，用力的點點頭，便與我揮了揮手道再見。

走回車站時，忍不住又止步，這回是一整地上的美妙。紫色洋蔥外皮仍脆，二個五十元。恆春洋蔥，結實清甜，四個五十元。北港今年剛收成的蒜頭，夠辣夠嗆，價錢少許回溫，一斤一百二十元。阿里山來的老薑，一斤六十九元，讓你煮魚時，達到去腥後的完美滋味。小丘陵似地，從埔里來一斤七十九元的超大百香果，以及圓滾滾、皮細鮮綠，一斤二十九元的無籽檸檬。

天啊，我想。這裡呈現的每個畫面都叫我感動。海鮮繽紛、農產豐

各種新鮮蔬菜

街頭零星小攤販

這位菜販老闆娘給我一個爽快的笑臉

收，人們坦誠、樸素、持守最原始的自由感官，並用微笑、友善歡迎像我這樣來自遠方的外地人。我哼著小調，放鬆地走著，算著今天我到底看到幾種笑臉，並計畫想像起今晚的餐點。

扁魚白菜　桂竹筍炒豬柳　香煎馬加魚

客家小炒　鹽烤鴨胸肉　豆瓣鯧魚

韭菜煎蛋　汆燙花枝佐醋薑汁　蓮藕排骨湯

涼拌小黃瓜　燒酒大蝦　綜合百香果檸檬汁

醬漬豬排

咦，菜好像太多了，我也不是要辦桌啦，而且一時之間也做不了那麼多菜啊。不過話又說回來，這裡可是竹南耶，離高雄有二百六十幾公里的竹南。況且，哎呀！我今晚又回不了高雄，真是的，我喔！想料理都想瘋了啦。哈哈！

嘿！我說。

親愛的，今天你是哪一種笑臉？

FOLLOW ME
路得帶路逛市場

苗栗竹南市場

從和平街的市場出口，兩旁一樣是龐大的蔬菜販，蔬菜多到像海浪，菜販老闆娘就像浪花中的一艘帆船。有大白菜、麻筍、芋頭、牛蒡、大冬瓜、百菇類、空心菜、油菜等。這位老闆娘爽快地眉開眼笑，手指頭對著我比著耶的手勢。

▲市場內大夥正採購著各類食材

▲竹南市場裡的魚貨種類

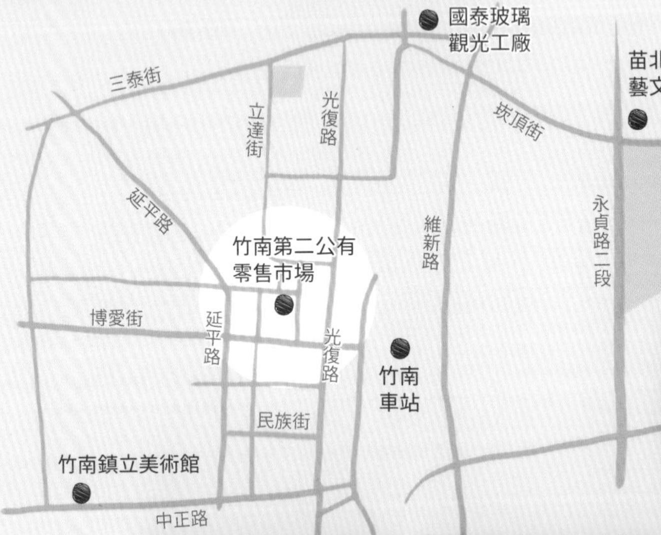

▲無籽檸檬與百香果

▲大型雜貨店，賣著整箱飲料或零食

▲來買上好的蘋果、葡萄喔

如何抵達 竹南第二公有市場位於民族街，距竹南車站只有 240 公尺。自竹南車站之西站出來後，走博愛街，右轉民族街即可抵達。步程約 5 分鐘。或者想邊走邊逛，可選擇自西站出來後，右轉接中山路，直走左轉自由街，再接民族街直走，即可抵達。步程同樣約 5 分鐘。

・竹南市場街景

這攤位是個包餃子團隊。幾個太太們人手一只塑膠淺盤，一落水餃皮，以及調好的內餡。口味有韓式酸辣的、韭菜的、高麗菜、蝦仁，或是溫州大餛飩。

▲水餃少婦正包著一盒盒的餃子

由於竹南是靠海小鎮，市場合計一百多個的攤販裡，魚攤就有三十多間，冠於其他攤販。深海的紅尾冬、黑格魚、鮪魚、鮭魚、紅點魚、百花鱸、鱈魚以及整箱保麗龍鐵灰色的白帶魚。

▲飄丿的魚攤大哥

市場巷口處，也有現包現煎的水煎包店。煎得酥脆的黃金餅皮、燙口的內餡。高麗菜或韭菜，口味均不同，但都很熱銷。

▲剛起鍋的水煎包

這攤豬肉攤在市場裡顯得非常突出。這裡擁有打洞的工作台，當老闆將肉類全部攤好，便會轉動開關，讓檯面下吹出涼涼的冷風。老闆認為，台灣氣溫太高了，這樣的設計才能提供消費者一個最鮮美的溫體豬肉。

▲肉販老闆的豬肉徜徉在冷氣箱

這攤老闆娘是位從桃園來的清秀女孩。她有一只木桶的油飯，一大鍋的炒冬粉，少說有二十種的涼拌小菜。像辣蘿蔔、韓國泡菜、黑胡椒毛豆、豆干絲、脆筍等。

▲ 現做的油飯與炒冬粉

▲整箱的白帶魚

▲禽肉攤的需求量也很大

▲蓮子、蓮藕與山藥

▲市場內豐富的各式魚種一一映入眼簾

台中
水湳市場與第二市場
Taichung

兩個年齡・兩種記憶

中北

老師傅揉著麵糰放入鍋內，
一顆顆饅頭成型，
在油鍋裡翻滾。
這裡有老台中人劉克襄筆下那
濃得化不開的鄉愁味……

在台中唸大學的時候，對市場是一概生疏。從學校側門出去，走約五至八分鐘路程，有個約二十攤的鐵皮厝小市場。我曾在那裡吃過最好吃的現包餃子，雖然是素食的，但麵皮現擀，要吃的時候才包，一點都不輸給全肉的餃子。我也在市場裡買過一些五花肉與豆干竹輪等，回宿舍用大同電鍋滷過。四年來大抵用五根手指頭就能數過，不過記憶卻很鮮明。那時候，當滷好所有食材，起鍋試吃時，味道說不上來，怪怪的，所以又多放些糖，結果變得很甜很膩。幾回下來，我特地在假日返家時，好好研究了媽媽與奶奶熬煉的滷汁，後來發現我連蒜頭薑片等辛香料都沒放，只有食材、醬油與糖，真的單純到可以。

畢業後幾年，側門那個小社區改建，屋子全拆了，蓋起了大樓，連帶小市場也消失地無影無蹤。回去過學校的同學，都感嘆那裡的改變，我也是。但當這所有都歸為虛空時，我才明白，最難過的，不是自助餐店或麵館遷走了，而是再也找不到那個小小市場。我初次尋找食材的地方。

人哪，有時要等到失去時，才會恍然大悟，失去的那個東西，原來占據在內心深處，有那麼長久的時間。

回顧台灣中部地區在數百年前曾出現一個大肚王國，由幾個原住民

水湳市場的圓形招牌

跨部落組成。大肚王，又稱白晝之王或平埔太陽王，是當時統一聯盟的領袖人物。大航海荷西時期，有一度台灣版圖如此劃分——北邊由西班牙占領，南部是荷蘭人統治，而中部則屬於平埔族的大肚王朝。這個大肚王國位在台灣的正中央，奇異的是，歷經西班牙、荷蘭與明鄭政權，仍舊屹立不搖，及至清朝大舉征伐，王朝方告瓦解。而隨著漢人進駐，這些平埔遺族便陸續遷往埔里居住。

沒了大肚王朝，台中在清代巡撫劉銘傳手中成為台灣縣縣治，並預備成為省城之地，自此迅速發展城池建設，雖然最後省城的位置獎落別家。日領時期，設有台中州廳；台灣人第一個政黨，在林獻堂與蔣渭水之參與下，也成立於台中新富町。因位屬中部區域中心，縱貫鐵路、糖鐵與公路交通規模日趨重要，文教學校一一成立，帝國製糖會社的砂糖與專賣支局所製作的酒類產品，以及消費型產業如酒店、戲院也逐漸昌盛興隆。當然也免不了設立多座衛生消費市場，如榮町、干城町、旭町等市場。

在北屯，學校不遠處，其實還有間水湳市場。離我住的宿舍騎車只需十分鐘就到了，它位在大福社區，靠近水湳經貿園區，走中清路，遠遠能看到一棟很漂亮，有哥德式尖塔的基督教堂，市場即在咫尺處，然而當時的我卻都只是路過，那是坐北上客運時必經之地，直到這十年回到台中時，我也才慢慢認識這個北台中超大的民營市場。

兩年前的一個冬天，我突發奇想，計畫趁寒假帶孩子到台中住上一陣子。於是，我在天津路商圈找了一間套房，就租了下來。當了媽媽的我，又回到台中的我，開始往水湳市場跑。我多半是走路去，搭公車回來，因為回來的路太遙遠，手上的塑膠袋又挺重的，不得不借助公車。但小確幸的是，大台中地區的公車十公里內是免費搭乘，讓我方便不少，而每次逛完水湳市場，心中總說不上來的無比充實。

這個市場占地廣大，並且可說是美食遍布。台糖後面的大麵羹店，裡面的綜合湯是用料豐富的一道湯品，它集合豬腸、粉腸、豬血、隔間肉與油豆腐，再融合些酸菜薑絲。至於大麵羹，比較像是滷麵，以麵條與湯汁做結合，緩慢收汁而成。另外，市場附近的黃金鍋貼，由半透明網絡狀的餅皮串起，鍋貼本身餡多柔軟，但咬到像餅乾的餅皮時，又匯入QQ脆脆的層次，吃來口感極好。市場內還有間香菇肉羹，也很搶手，好幾次我來晚了，差點就沒吃到。但好笑的是，我竟然會很得意自己吃到的是最後那幾碗（有種搶贏了的感覺，哈哈！）。這裡賣的肉羹，有北港超讚的香菇，甜度稍減於府城的，應是一般愛吃羹類但又不嗜甜者的首選。

除了小吃，自中清路二段一八九巷走進，便是服飾、皮件、鞋品的天下，一樣招來諸多逛街採買的人潮。婆婆媽媽們可別迷失在這裡，得往前邁步呀。這條小巷機車亦能通行，因此人

手工製作切塊的冬瓜磚

秀珍菇、柳松菇、杏鮑菇與香菇等

與車全擠在一塊兒，兩旁店鋪前是一排小農與臨時攤販，現摘的絲瓜、小黃瓜、韭菜花；綠花椰、白蘿蔔與山藥地瓜；分好小塊的豬肉與絞肉、一大塊等著客人上門指定大小的三層肉。格外引人注目的，是一間擁有淡水魚的魚攤，長尾草魚大卸數塊，擺在最前頭，等著顧客上門。新鮮現宰的草魚能做生魚片，亦能調醋液與辣醬，滴些薑汁，拌生菜與芫荽，便成了草魚沙拉；若不適應土味，魚身得以油鍋炸過，做紅燒魚。炸魚頭能用來煮砂鍋，湊些火鍋料，即變身為上等美味。

右邊攤賣愛玉、仙草與冬瓜磚。因手工煉製，冬瓜磚非機器切的平整，色澤更顯深沉。往前，為各式各樣的菇類，非真空包裝那種，或只有一小籃的菌菇，這裡是一落一落的，有秀珍菇、柳松菇、白精靈菇、杏鮑菇、香菇等。對面，抬頭一望，即能看見早期的圓形招牌，上頭寫著，「水湳零售市場」。

市場招牌下的炸物小販，提供每日現炸料理。台灣人最愛的午茶點心，應該就是這類料理，炸雞翅三隻只要五枚十元硬幣，炸雞腿一隻四枚十元硬幣，還有炸雞排與炸丸子，每逢假日，購買群眾總是特別多。

從炸物小販往裡走，為市場內部，豬肉、蔬果與鮮魚齊聚一堂。首

乾貨店鋪還有少見的海蜇皮

低溫置放在冰塊上的雞肉

先是明亮的雞肉攤。攤位潔白，維持的明亮乾淨，土雞、仿雞、放山雞都有，店主人還細心地擺上大冰塊，冰塊上置起白鐵鐵架，所有的雞隻就放在鐵架上，這樣的立意很明確，就是希望雞肉不至於浸在融化的冰塊裡，又能享受低溫保鮮。這間雞肉攤是我在台灣市場裡看過非常細緻又有創意的攤位。

自助餐店、水餃攤也有。傳統的發粿與現搓湯圓放在鐵盤，想要買的不必等冬至過年。蔬果販，還兼賣小雜貨，一小包一小包豆皮、柴魚、木耳等就這樣吊在上頭，清楚又生動。

乾貨店鋪，販售整箱南投筍絲、菜脯丁或菜脯條、丁香、蝦米、海帶等。此處還有項很特別的產品，「整片的海蜇皮」，海蜇是食用的水母，一般的南北貨店有時也不容易看見，但這裡賣的海蜇皮是整片的，一大盒，大概可以想像附近商家對其需求還滿大的。乾貨店旁，還有一個雜貨店，東西擠滿了整個店鋪，雖然有些淩亂，但卻很有古早味的氣息。

市場裡尚有間魚攤。讓我印象最深刻的，不只是魚，還有魚販主人。雖然穿著帆布圍裙，但魚攤老闆娘的神情與氣質卻宛若晚宴裡的外交夫人；不只是她，連她兒子，也是笑容燦爛又帥氣的陽光男孩。她們家的魚，有用以炭烤的秋刀魚、香魚，煮湯或清蒸的石斑魚，香煎的黑格魚、鯛魚以及醬燒的紅槽魚等。

水湳市場的外圍，還有連接一個小型的環保市集。這市集攤位圍繞著附近一棟大樓。市集裡面有二手衣服、小家電、玩具、鍋具等，像比利時漫畫的丁丁，或曾在跳蚤市場裡買到一艘模型船，這裡偶爾也看的到這類的模型或小收藏品，所以也吸引不少人前來尋寶。

水湳市場外，火車站附近的第二市場，其歷史悠久，滿腹日式風采奧妙，也是非常值得參觀尋訪的一個市場。這個市場設於一九一七年，初為新富町市場，是早期日本人活動之地，市場內最廣為人知的古蹟，為六角樓建築。當時六角樓是制高點，有眺望與提供警示等功能，市場以此為中心點，分為紅線、黃線、藍線與紫線。六角樓廣場旁，垂掛著紅燈籠，三個一串，增添古味。現場也展示百年前泛黃的老照片，大幅招牌同時擺著「百年經典」的字樣，二〇一七年剛好是它設立滿一百周年，於是有相當多的百味慶典。第二市場也是這些年來我到台中時常來的市場，有時來台中分秒必爭時，只買市場內的滷肉飯便當就走，有時時間較寬裕，我會先到市場對街的長崎蛋糕店排隊訂蛋糕，然後利用等候時間再去逛逛市場。更甚至，那回住天津路套房時，還曾花了一整個下午，在第二市場閒逛，只為了找一把裁縫用剪刀，最後針線店、手工藝店、配件店問來問去，還問到修改衣服的剪裁師，才終於找到傳說中的日本庄三郎剪刀。

不過我當然沒有買，自始至終我都只是一路好奇，秉著追根究柢的精神，想找到源頭罷了。

六角樓廣場裡的大紅燈籠

一旦找著了，過於興奮，差點就衝動下了訂金。店老闆告訴我，「這可是能作傳家之寶的一把剪刀呢。」說得我心好癢啊。還好，殺價未成，理智得勝。我清醒過來，「唉呦，我又不是服裝設計師，拿這把寶物般的剪刀幹嘛呀。」

第二市場裡，還有間小麵攤，是我第一次品嘗到麻薏湯的地方。初看到「麻薏」這名字，以為我點了一碗類似薏仁的甜湯。後來老闆娘端來時，我才看到綠綠的青菜湯，這類蔬菜，在其他縣市很少見，裡面還有一點黃色的地瓜，吃完覺得很特別，舌根淡淡的苦味，緊扣著喉頭。我記得那時趁著市場菜販還沒收，我還趕緊買把麻薏回家煮，不過煮的時候，費了些功夫又搓又洗的，然後再把整顆地瓜刨成絲，煮在一起，還蠻有菜羹的感覺。

除了菜販、肉販、滷肉飯店、日式雜貨、精品或裁縫店外，市場內外的小吃也不遑多讓。有兩個大冰櫃的立食店，數十種日式美饌，店主是位親切的媽媽桑，正為三名前來聚餐的婦人提供佳餚。她有粉紅透光的生魚、花枝丸、烏魚子、白切竹筍、魚板等料理，在我拍照時，還拿出刻成笑容可掬的翠綠哇沙米秀給我看。

三民路市場入口，整區即為美食攤。家傳三代的福州魚丸店，年輕的老闆抓起麵條來，準備趁水滾時下鍋，一旁的工作人員則忙著將剛做好的滷味裝盤。珍珠奶茶店雖然不大，但前來買飲料喝的人潮卻絡繹不絕。隔壁餡餅店由二個年輕人販售，無論是餡餅或蔥油餅，皆為熱騰騰現煎現賣。對面的攤位則是煎鹹粿、糯米腸，還有切仔料或黑輪菜頭湯。

1.福州魚丸店現由年輕老闆打理一切
2.流傳數十年的炸饅頭
3.生魚片專用——笑臉的哇沙米

1｜2｜3

外頭還有肉丸店、燒烤店。斜對面的巷子口有攤炸饅頭，老師傅揉著麵糰放入鍋內，一顆顆饅頭成型，在油鍋裡翻滾。這裡有老台中人劉克襄筆下那濃得化不開的鄉愁味。

兩年前的那個冬天，返回台中住，處理了許多五味夾雜的情緒。大學時雙十年華，不識愁的青春歲月，嘩啦啦的就過去了，爾後再次回歸時，已然是為人母的年歲。我在台灣大道上，或行走，或追趕著公車。當越過時光，穿越那時常去的麵包店與早餐店，我迎著風，細細瀏覽從早晨到月夜的各種景物，並與不斷席捲而來的蜂湧記憶不期而遇。對我而言，兩種不同的年齡來看台中，是迥然不同的滋味，當嘗過人世間的冷暖滄桑，我懷念還是年輕女孩時，在台中各角落所印下那心高氣傲，但又帶著青澀傻乎的每個回憶。而即使到如今，校園、商家變了不少，學校旁的小市場人去樓空，我也重新找尋到新的觸動。我擁抱在水湳與第二市場裡，所挖到各項代表人文風情的不同食材與人物特寫，並享受它們帶給我的接連喜悅，那種感覺，是踏實，是堅定，是樸實，是坦然，我很開心我找著了，而更確定的是，不管哪個年齡，我都是喜歡台中的，喜歡這裡的人、市場，喜歡這裡的料理、文化，也喜歡這裡的街道與氣候。

這些心情，無庸置疑。

FOLLOW ME
路得帶路逛市場

台中 水湳市場

這個市場占地廣大，並且可說是美食遍布。台糖後面的大麵羹店，裡面的綜合湯是用料豐富的一道湯品，它集合豬腸、粉腸、豬血、隔間肉與油豆腐，再融合些酸菜薑絲。至於大麵羹，比較像是滷麵，以麵條與湯汁做結合，緩慢收汁而成。

▶市場角落，人們正選購食材

▲環保市集裡有二手衣物、家電、袋子等

▲市場外車水馬龍的街道

▲水湳市場旁有一個環保市集

▲小菜攤賣著韭菜花、小黃瓜、白蘿蔔、地瓜等

▲小農自己種的蔬菜

如何抵達 水湳市場位於中清路上，自台中台鐵車站，走台灣大道轉五權路至中清路直行即可。也能搭乘公車 6 號、8 號或 101 號等，至水湳市場下車即可。全程約 5.6 公里。

若是由火車站出發，則可走復興路四段，接台中路直走至民權路，再右轉五權路直行，接中清路一段，持續直行即可到達。車程約 20 分鐘。

・水湳市場內部

新鮮現宰的草魚，剁成一大塊一大塊販售著。草魚能做生魚片，亦能調醋液與辣醬，製成草魚沙拉。炸魚頭能用來煮砂鍋，湊些火鍋料，即變身為上等美味。

▲淡水草魚，用以紅燒或油炸都很好吃

這攤魚販，大概是最讓人印象深刻的了。魚販夫人宛如外交官夫人，她們家的魚，有用以炭烤的秋刀魚、香魚。煮湯或清蒸的石斑魚，香煎的黑格魚、鯛魚以及醬燒的紅糟魚等。

▲ 氣質優雅的魚販夫人

▲魚販夫人的兒子也是陽光少年

▲這裡也有現包水餃

盛夏時節，市場裡生意最好的，除了冰品，就屬大西瓜了。紅色的果肉，連看到都覺得消暑。台東花蓮的大西瓜會最先登場，後期才是宜蘭瓜。

▲ 可口的西瓜攤

這裡的自助餐，除了豆乾、海帶、豬頭皮等滷味，尚有燴豬柳、豆皮、排骨、茄子、蝦子或燴三鮮等菜色。

▲市場裡的自助餐店，菜色多樣

▲秋刀魚、香魚、石斑魚等各式鮮魚

▲市場裡的菜販將一包一包豆皮、柴魚等高高掛起

市場招牌下的炸物小販，每日現炸各式料理。台灣人最愛的午茶點心，應該就是這類。炸雞翅、炸雞腿，還有炸雞排與炸丸子，每逢假日，購買群眾總是特別多。

▲炸物小販，提供每日現炸料理

市場裡有類攤販，賣的就是這類現洗愛玉、仙草等，有的還會有豆花或珍珠粉圓。你可以買整塊回家自己做愛玉仙草冰，有的攤販也會現場調製，讓你一杯就能帶著走，瞬間消暑解渴。

▲ 現洗愛玉與仙草

▲攤車上大把大把的新鮮蔬菜

FOLLOW ME
路得帶路逛市場

台中 第二市場

▲第二市場招牌

▲六角樓廣場裡的招牌

▼因為在市場正中央，攤位成圓弧形

第二市場裡，有間小麵攤，是我第一次品嘗到麻薏湯的地方。初看到「麻薏」這名字，以為我點了一碗類似薏仁的甜湯。後來老闆娘端來時，我才看到綠綠的青菜湯，這類蔬菜，在其他縣市很少見，裡面還有一點黃色的地瓜，吃完覺得很特別，舌根淡淡的苦味，緊扣著喉頭。

▲第二市場旁的公車站牌

▲三民路入口處花店

▲客人絡繹不絕

如何抵達 第二市場在三民路二段與台灣大道一段交岔口處，距離台中台鐵車站約 1.8 公里，以步行方式約 25 分鐘；若是搭乘公車，則 300/61/81/201 等多輛公車站點皆有抵達。

若從台中火車站出發，可走復興路四段，接台中路直走至民權路，右轉三民路二段，直行即達。車程約 10 分鐘。

・第二市場外觀建築

三民路市場入口，整區即為美食攤。家傳三代的福州魚丸店，目前由年輕的老闆掌廚。他熟練地抓起麵條來，準備趁水滾時下鍋。來此用餐的常是老饕與老顧客。

▲傳承三代的福州魚丸店

店主是位親切的媽媽桑，提供著數十種日式美饌。粉紅透光的生魚、花枝丸、烏魚子、白切竹筍、魚板等料理，還有刻成笑容可掬的翠綠哇莎米。

▲新鮮生魚片與烏魚子

這間美食區的小麵攤歷史也很悠久。有白麵、黃麵、米粉、羹類等。當然也有許多小菜與湯品，供君選擇。

▲第二市場裡的小麵攤

六角樓為市場中心點，此四周的攤位皆以此為圓心。通往六角樓遺跡的通道旁，是間呈圓弧形的豬肉攤，造型格外有創意。

▲六角樓旁豬肉攤

▲六角樓至今保存良好

市場外斜對面的巷子口有攤炸饅頭小販。穿著汗衫的老師傅揉著麵糰，放入鍋內。之後一顆顆饅頭漸而成型。這裡有許多台灣作家與記者來訪過，為的就是這原始不變的味道。

▲老師傅揉著麵糰

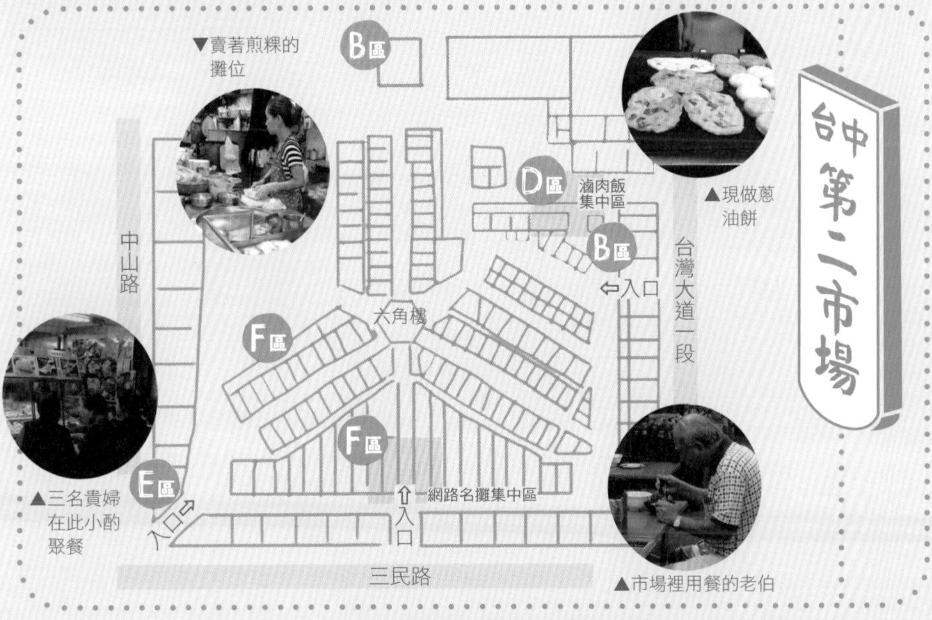

Ⓑ **半成品區**（水餃、麵條等麵類食品）　Ⓔ **水果區**

Ⓓ **熟食區**（炸物、醃漬食品等）　Ⓕ **其他**（甜點、飲品類）

台中

中義市場

Taichung

中北

說不出的懷念滋味

我忘了回她，其實，我打從心裡真正覺得，
是你們的手藝，
給了人說不出的懷念滋味……

大四那年的初春，天還冷著，和幾個同學，自行辦了場到溪頭的畢業之旅。出發當日，晨光薄霧，我們肩掛背包，一行人坐公車到干城車站，買了國光號車票上山去。那是初次跟同學到溪頭玩，國光號就直接開到溪頭青年活動中心前，車門開了，南投鹿谷的雨下得很大，我們撐開了傘，逐一下車，踏過路面積水窟窿，蹣跚地走到溪頭。

二〇一一年，我和先生計畫帶孩子至溪頭尋幽。我們先在台中過一夜，隔天準備走國道三號轉一五一縣道前往，離開飯店後，先生邊開車邊提議，要不要帶些熟食到溪頭活動中心小木屋裡。說的也是，活動中心裡的食物種類有限，若要大快朵頤，只能自己帶上去，於是我們在路邊一間傳統市場停了下來，東瞧西瞧，市場上方掛著大大的「中義市場」字樣。我們走進，決定碰碰運氣，四下搜尋時，馬上看到一間攤位好熱鬧，啊哈！那正是個訊號，美味的訊號。

一對三十歲上下的姊妹花正忙得不可開交。姊姊留著可愛的波浪捲髮，妹妹剪了俐落的帥氣短髮，雖然攤位前每位大嬸需求不同，但姐妹花總耐心的予以服務。那回買了芋頭粥、滷味、炒米粉、油拌素雞、燻雞小黃瓜、干絲等小菜，還剁了半隻雞與半隻鴨，提著大包小包要走回車子時，攤位的妹妹竟從市場追出來，遞上一袋豆干米血，「我姐姐說這要請你們吃。」哎呀！這可真讓我們受寵若驚，還這樣特地跑過來，真是前所未聞。說實話，我可是從沒遇過這樣熱情分享的市場攤販呢。不過，最讓我們訝異的尚在後頭，溪頭的那個夜晚，堪稱美妙無比，當所有的食物攤開享用時，只能說那實在是個無限幸福的饗宴。

「ㄟ，很好吃耶。」先生說著。

「對啊，怎麼這麼好吃啊。」我口中含著米粉。「真的好好吃喔。」

爾後，不管帶孩子到哪裡旅行，只要路過台中，都會到中義市場買點小菜解解饞，與這攤的姊姊聊天。因年紀相差不大，她也已結婚生子，媽媽經一開講，倒也聊到欲罷不能，而在採訪她們這些年來，還曾出現過一個小插曲。有次我獨自至台中辦事，想在回高雄前至中義市場買些點心，我先查好了公車班次，見公車來，欣喜一躍，就等公車將我帶到目的地。

沒想到，公車越走越遠，越走越遠，當我感到苗頭不對時，公車已駛離市區，我感到身上汗毛豎直，不安感擊打心頭，我該立馬下車，還是再等等？心中還一直祈禱不會有厄運或倒楣事上身，但目的地既是「忠義市場」，倒也燃起我的好奇心。公車走啊走的，到了一架噴射機前，我定睛一看。「喔！My God ！」這是哪裡呢？哈！相信你已經說出解答。是的，我竟然已經來到大雅區的清泉崗空軍基地。

公車在此處轉彎，我耐住性子，都到這兒來了，豈能空手而回？不甘心白跑一趟，此時

雞鴨鵝種類很多，燻雞、閹雞、文昌雞等皆有

穿梭在食材中的婆婆媽媽

我倒想一探究竟。當「忠義市場」到時，我鎮靜地下車，東張西望，逛了一會兒，原來這裡是空軍眷村社區。

忠義市場是隱身在忠義社區內的小型市場，當我抵達時，多半的攤販已準備收拾。我在這裡，彷彿看到高雄岡山欣欣菜場的影子，欣欣菜場也是空軍基地旁眷村的市場。這兩個地方都保持著幾十年前純樸的模樣，濃密的老樹，斑駁的建築，沒有高樓，只有透天厝與鐵皮屋。店鋪賣著眷村味，社區街道上的人零零星星，多為穿著家居服的老人，大樹下幾個雪白鬢角、頂著稀疏銀亮頭髮的伯伯正圍著下盤棋。唯獨鄰近市場的人群較集中，還有些人趕在收攤前買菜，與攤販討價還價，將剩下的菜全部包回家。

我查了資料，於是確定我原本要去的是西屯區的「中義市場」，但我卻在地圖上誤植為「忠義市場」，於是這才搭上了這班前往清泉崗的公車。

費了好大的勁兒，左等右等，我才又等到回市區的公車。雖然有點心驚膽跳，腎上腺素又攀升，但也是場刺激的冒險，而且收穫頗豐。若不是趕著到中義市場，又急著回到高雄，我還真想好好繞繞這個寧靜的桃花源地。

西屯區的中義市場，位在重慶路大仁國小旁，它是由重慶路、甘肅路一段與何安二巷所圈起來的範圍。從何安二巷往北走向市場，仍可看見民國四十六年國民黨婦聯會所興建眷村周遭的灰色縷空圍牆，牆邊大理石刻著「銀聯三村」，至今仍保存著，市場攤販就從這圍牆開始三三兩兩地擺放。

當季水果攤、蔬菜攤，在市場便是這樣，是不是當季，馬上就能看出來，一整掛的攤位都賣，價格又便宜，肯定是當季。當然，市場價格也常有波動，這周賣一斤五十元，下周量產馬上變一斤只有三十元。若抓得準，除非是非吃不可的東西，否則你都能以合理的價錢買進，這道理大概也跟做股票買賣有異曲同工之妙。

我逛的當時，是酪梨與芒果盛產的夏季。酪梨的價格不低，但許多水果攤都看得到，雖然量不大。芒果是台灣夏天量產的水果，但上等的一樣貴桑桑，童年吃的土芒果，近年也有價格攀升的趨勢，大概金煌芒果的售價會親民的多。

這時也看的到許多南瓜。台灣最多的東洋南瓜，甜度很高又有黏

1｜2　1.一年一次的玉荷包季節到了
2.何安二巷的攤販

藝術擺設般的魚隻

性。美國南瓜也有，特色為扁形體積大，看到這個總會想到萬聖節的燈籠臉。橘紅色的東洋南瓜，可以做成南瓜海鮮濃湯，另外還有小顆的栗子南瓜，墨綠色，也能做為涼拌料理。

當然，因為是台中，這裡也看得到許多筍絲、筍乾與高山梨子。東部來的大西瓜也以紅通通艷麗的色彩對你我呼喚。進口的奇異果、櫻桃，亦繽紛非常。此外，還有火龍果、百香果、紅肉李、玉荷包、鳳梨等。接下來你得看看你的口袋有多深、胃有多大，才能決定能買下多少分量的蔬果。即使健康專家頻頻放話，多吃蔬果有益健康。

自何安二巷走進鐵皮市場，會先看到一個大陣仗的鮮魚販，這是個相當考究數學排列規則的攤販，年輕老闆與父親共同經營，他們很安靜卻很認真。斜擺的每條魚隻均優雅地展開，肩並著肩像排隊，五彩顏色像藝術，嗅聞起來像海的孩子。年輕老闆靜靜的微笑，與所有的魚隻合照。

魚販鄰攤，是雜貨店，掛滿了近百樣的南北貨、乾貨或醬汁調味品。整個市場內部不大，但熟食的比例相當高，當走過蔬菜攤、豬肉攤、鮮魚攤，就是我常買的熟食攤，它的隔壁還有間雞肉攤。這次我為了補拍幾張照片，又返回台中去找攤販的姊姊，由於妹妹有自己的志

1│2

1.熟食攤姊妹們靦腆而害羞的笑容
2.這家麻油雞的雞肉不只上選，且非常大塊

向，目前皆由姊姊負責販售，但清晨時分，她的媽媽會來到市場掌廚。

綜觀所有的菜色，除了滷味、鹹水雞鴨鵝、烤雞，還有麻油雞、麻油米血糕、獅子頭、滷筍乾，以及芋頭米粉。而且每日的菜色都不同，讓大夥就算每天逛市場都能買到不一樣的料理。

麻油雞大概是我所有佳餚裡的最愛。以北港出產的麻油爆薑後，放入現宰的雞肉，雞肉會開始劈劈趴趴的在油花裡不斷的起舞，並跟著勺子對跳幾場舞碼。接著進場是濃郁的燒酒，像繞圈圈般的姿態來到，頓時鍋內會是氣勢磅礡，廚房裡充滿無法抗拒的香味。這雖只是我個人的作法，但這裡賣的麻油雞，卻也讓我愛不釋手，肉質不但彈牙，連雞皮都吸飽醬汁變得鼓鼓的，當我一眼瞧見，我就覺得好像完全臣服，目光始終無法轉移。

獅子頭，也是眾多客人選購的料理，據說起於隋煬帝，又稱四喜丸子或大肉丸子，古時是風行江南，屬揚州的傳統名菜。中國作家汪曾祺曾對獅子頭多有著墨，「獅子頭像炸麻糰似的在油裡翻滾、撈出，放在碗裡上蒸籠，下襯白菜，一般獅子頭多是紅燒，食堂所做的卻是白湯，我覺得最能存其本味。」她們家的獅子頭，浸在醬油做成的高湯中，應屬後期上海風的作法，這讓我想到幾個月前曾參照一本巴黎女孩的食譜，做出類似的肉丸子。在巴黎，是用法國一個中西部的小鎮 Agen 盛產的黑棗與羊絞肉，製成的黑棗羊肉丸；在高雄，我曾選定台南東山特產的龍眼乾，配上豬腿絞肉，先煎後烤，調製成桂圓肉丸子，品嘗那天，正是配啤酒的極佳時刻。

還有芋頭米粉。由於我並非鹹芋頭擁護者，所以記得第一次來到這裡時，對芋頭米粉興趣缺缺，但是待在那攤位短短十分鐘，幾乎每個來訪客人都會點上一道，我開始動搖，心想怎麼可以這麼輕易放過此等好料。結果呢？芋頭品質好極了，吃起來鬆軟綿密，米粉是由紅蔥頭搭配香菇爆香，並以雞油提味，是介在米粉湯與炒米粉中間的作法，於是它推翻我對鹹芋頭原先的偏見，反而成為一道吸引我下箸的好滋味。

另外，滷筍乾搭配切成細片的鹹菜尾，味道酸甜，也讓我的舌尖天翻地覆的回味無窮。這道滷筍乾，是用煮鹽水雞鵝的高湯「控」出來的，浸飽浮在高湯上的油花，筍乾得以油亮入味，每每讓我差點捧著整碗脆脆的筍乾全部吃光光。

當然尚有滷味、烤雞、燻茶鵝、鹽水豬內臟等。我只能說，每次都有驚喜，最近一次到這間熟食攤拍照時，剛好遇到掌廚的老闆與老闆娘，老闆娘有個著實爽朗的笑聲，老闆則斯文儒雅如書生。老闆娘說，她是清水人，自幼看著媽媽做料理，她的母親有種天分，凡是品嘗過的美味，就能做得出來。她謙虛地告訴我，即使到這年歲，賣料理賣這麼多年，還是有

攤販母女忙著服務眾位客人

一至兩樣媽媽的拿手菜做不出來。

「但你與女兒做的料理生意已經這麼好了，可見都受到大家的肯定。」我接著說著。

「那是妳們吃得習慣啦。」老闆娘海闊地笑了起來。「我媽最厲害啦，我還要更努力。」攤販的姊姊也呈現積極的決心。

我又與她們天南地北好生聊著，還幫忙試吃其他新款菜色，回頭還提了一大包她們送的料理，真的拒絕不了她們的熱情與手藝，幾乎每次都一樣，吃完他們家的美食，都會胖上兩公斤帶回高雄。

走到重慶路的出口，還有間粉圓攤，攤車大姊賣的是綠豆粉圓、紅豆粉圓、薏仁粉圓等。小小琥珀色的粉圓，晶瑩剔透，當客人點餐時，她便隨即動作迅速的將大鍋裡的粉圓舀起，濃霧般的熱氣像煙霧彈般瀰漫整個小車。端上桌時本想趕快拍照，但蒸氣化不開，二十張下來只成功一張，索性決定幫老闆娘拍照。

「大姊，幫你拍張照片好嗎？」

「啊！可是我沒有化妝啦！」

「沒關係啦！你沒化妝就很好看了！」

老闆娘笑到合不攏嘴，愉快又有點不自在的讓我拍了些照片。

這攤的粉圓滑口柔嫩，老闆娘告訴我有關她的小孩以及這二十一年來賣粉圓的故事，我細細端詳著這一顆顆美麗的珍珠，與熟食攤一家人相似，粉圓攤老闆娘她用生命真誠做出來的味道，自然樸實，令人牽掛，難以忘懷。

「現在的生意還好嗎？有沒有受到外面茶坊的影響？」我問起。

「還好耶！都做一些熟客人嘛。」老闆娘不好意思地說著。

我走出這個市場，看到了跟小時候住家巷口相同的「爆米香」貨車，以及削了滿地甘蔗皮的甘蔗攤。與熟食攤的姊姊的交情大概已走過七到八個年頭，而那位賣粉圓的大姊，在我拍完照離去前對我說的話仍在我耳邊徐徐迴盪。她說：「你人真好！如果我的生意變得更好了，我一定會想到你。」

我忘了回她。其實，我打從心裡真正覺得，是你們的手藝，給了人說不出的懷念滋味。

粉圓攤的生意很好，太晚就吃不到囉

市場類的雜貨店，陳列商品超過百項

FOLLOW ME
路得帶路逛市場

台中中義市場

▼熟食攤姊姊的可愛千金

▲太太們正準備挑選食材

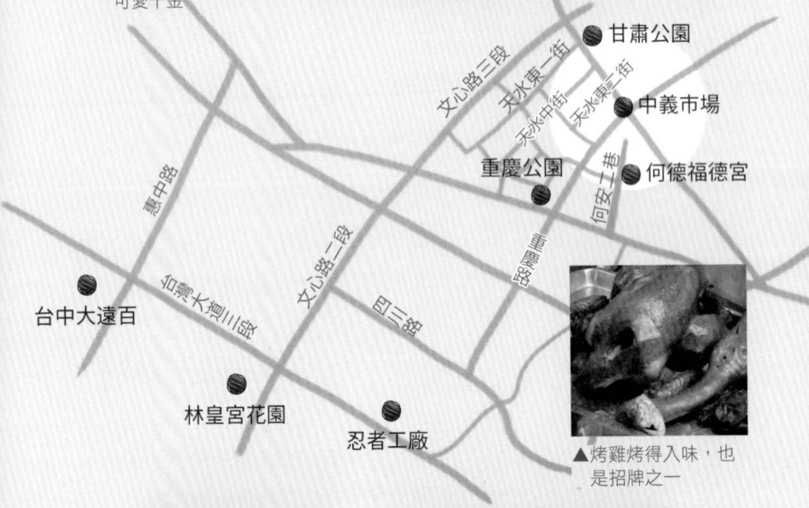

▲烤雞烤得入味，也是招牌之一

綜觀所有的菜色，除了滷味、鹹水雞鴨鵝、烤雞，還有麻油雞、麻油米血糕、獅子頭、滷筍乾，以及芋頭米粉。而且每日的菜色都不同，讓大夥就算每天逛市場都能買到不一樣的料理。

▲老闆娘開心地與我們話家常

▲每日現煮的鹽水豬內臟

▲分門別類的蔬菜

如何抵達 台中中義市場位於西屯區，距台中台鐵車站約 6 公里。走台灣大道轉何厝街到重慶路即抵達，或走成功路接西屯路一段至二段，轉何安二巷或重慶路皆可；亦能搭乘公車 35 號至勤美社區下車。

・蔬果攤後邊是銀聯三村的圍牆

自何安二巷走進鐵皮市場，有個講究數學排列的鮮魚販。斜擺的每條魚隻優雅地展開，肩並著肩像排隊，五彩顏色像藝術，嗅聞起來彷彿帶點濃厚的大海情懷。

▲年輕魚販清晨便認真地理貨賣魚

這間雞鴨熟食攤，除了滷味、鹹水雞鴨鵝、烤雞，還有麻油雞、麻油米血糕、獅子頭、滷筍乾，以及芋頭米粉。菜色每日變換，讓大夥就算每天逛市場都能買到不一樣的料理。

▲熟食攤的掌廚者——老闆及老闆娘

重慶路出口的粉圓攤。攤車大姊賣得是綠豆粉圓、紅豆粉圓、薏仁粉圓等。小小琥珀色的粉圓，泡在湯汁裡，晶瑩剔透。每當舀起，濃霧般的熱氣像煙霧彈般瀰漫整個小車。

▲熱滾滾、燒燙燙的粉圓

何安二巷的菜盒子有樣新品種的黑玉米，果粒像紫寶石般，閃爍著光芒。它是近年來改良成功的品種，黑青素與營養成分偏高，可用來做成黑玉米粥。

▲新品種：黑玉米

滷筍乾搭配切成細片的鹹菜尾，味道酸甜。這道滷筍乾，油亮入味，是用煮鹽水雞或鵝的高湯「控」出來的。

▲鹹菜筍絲湯

▲白豆干、五香豆干、油豆腐等

▲既是藝術，也是數學排列的規則

▲豬肉攤大哥

▲拉拉山上的桃子

彰化

三民市場

Changhua

中南

親愛的，彰化鄉親

「小姐，你在趕火車嗎？」
「對。」
「那我載你！比較快！」
「好，謝謝……」
之後機車「咻——」地往前衝啊……

「小姐，你在趕火車嗎？」本來我正逃命似地趕路，基於安全起見，剛停等紅綠燈時，我又問一個年輕人火車站方向怎麼走，他恰巧將機車停在某騎樓下，現在他在後頭追了上來，問了我這句話。

我停下快跑的腳步，有點上氣不接下氣，猛然大力喘了口氣，奮力點點頭。回答時只剩氣聲，「對。」

「那我載你！比較快！」年輕人的機車沒有停火，他示意我坐上。我迅速跨上機車，「好，謝謝！」此時我已經喘到再也說不出什麼話來。

之後，機車「咻——」地往前衝啊，連闖幾個巷弄紅燈。（對不起，不良示範。我在此一併認罪）

機車用迅雷速度，在車站前的圓環止住。「我只能到這裡。」年輕人說著。「沒關係，我已經很感謝了。願上帝祝福你。」我用兩秒說完全部的話，轉頭一溜煙消失。

三分鐘後，我跨上火車，隨即「嗶——嗶——」，列車長的哨子吹響了，火車「鏘——鏘——鏘——」緩慢地動起來。此時我的雙腳軟塌、臉頰脹紅。深深，深深的，吸了一大口氧氣，「呼！還好還好。還好有趕上。」我在心裡頭嘀咕著。找了張空椅子坐下，想想剛剛的一切，「那年輕人真是上帝派來的天使啊。」我暗自慶幸。不過，我怎麼連他長什麼樣，都完全記不起來呢。

彰化位於台灣中部，為台灣一等一之米倉。它是鐵路縱貫線山線與海線之交會合一點，古稱「半線」。因為位置適中，多屬平原，在幾百年前每逢民變，或原住民起事圍攻時，這裡皆首當其衝。當地人於是以莿竹築城，因而另有「竹城」封號。在近代史上，除了鹿港從事鹿皮等交易，奠定商港繁華的經濟地位，為爭奪土地、灌溉水源的泉漳械鬥，在彰化地區更是如烈火焚燒，蔓延好幾年，當清代巡撫劉銘傳選擇在台中市建立省城，鹿港又逐漸淤積，彰化終究由榮華走向平淡，但也因此大量保存了歷史悠久的文化古蹟。

現今彰化最有名的除傳統技藝與漢式糕餅製作，小吃料理應首推彰化肉圓，據推測，肉圓的發源地正位於北斗、彰化一代。以油炸或放入油鍋裡加溫為主要料理方式，肉圓成品晶瑩，酥酥QQ的，裡面的重頭戲，從一般單純的豬肉餡，到奢侈豪華版，蛋黃豬肉、超厚香菇，還是頂級干貝的都有。搭配的湯類也不少，龍骨髓湯、金針肉湯、豬肚湯等。

今晨我搭早班車，從港都到彰化三民市場，在車站裡也順道買了回

彰化著名的肉圓店

市場小農常席地鋪起物產，就開始販售

程票，以便確切掌握返家時間。只是我始終沒想到那小小菜攤老闆的解說會如此鉅細靡遺，我聽到全然入神，渾然忘我，後來還走到迷路。

起初，當我開始逛市場時，我很驚奇這市場之大，彰化因為鄰近農、漁、糖業興盛的雲林，因此從這個市場的到貨量便可見一斑。很多年前我曾經來過幾趟，但印象都已模糊。如今走過台灣這麼多市場，再次踏進這市場巷道，我努力感受它的不同。除了豐富的物產，有些在大都市裡用塑膠袋包裝好的農作，在這邊應該可以看到整箱或整籃其原本的樣貌。這個市場也一樣擁擠，無論是人或機器，同樣有大花傘，傘下有的是小推車，有的是拼湊式工作台，也同樣有農婦穿插其中。相機下畫面是最上相的有彩色水果攤、如翠玉般的各種青菜、現宰豬肉、禽肉、鑽來穿去的活鱔魚、土虱及整桌的魚蝦海味。但其實最得我心的拍攝對象，是那雙拿著刀宰魚或分肉的手，縱然手上貼滿了ＯＫ蹦，或指頭黝黑彎曲變形，雙手皮膚全皺在一起，但那就是身經百戰的老師傅，用歲月換來的活生生鐵證。不用多說什麼，一看就很清楚。

當然，人們豐富的表情也很生動。一緊張、一促狹、一個難為情、一個手舞足蹈，鏡頭下表露無遺。這也是我追求的，最真實的呈現。

大花傘下的小推車

非常美味的鹹蛤蜊

淡水養殖的鱔魚與土虱

包餛飩的太太綻放笑臉

因此，小攤販常是我很喜歡捕捉的鏡頭。我在彰化三民市場，看到許多獨特的神情。比如說：粉色上衣菜販，正用心地削著一顆一顆比栗子大一點的荸薺；斗笠菜販手上捧著一束青菜，有點凋零孤寂，有點落寞空虛，她的面前是一大堆從農田裡收割來的紅蘿蔔，也許她正苦思著該如何賣掉這些紅蘿蔔；另外，肉販老闆看來極為穩重，不疾不徐，他的顧客應該都是老客人、熟朋友了。此刻他正聚精會神地處理客人的里肌肉；賣饅頭的少婦，守著紅糖、芋頭、南瓜等各種饅頭，還不忘將白色布巾裹在四周，以保持饅頭溫度；至於賣水果的大哥，穿著暗紅色吊嘎仔背心，一副阿沙力與樂天派，但他帶來的葡萄，品質卻是好的不得了。

我走到一個黝黑老伯前面，棒球帽壓住他的額頭。他賣的水果也不多，但就是兩手緊緊地握住推車，謹慎到有點像坐雲霄飛車般，他有著異常憨厚的臉龐，跟他買水果，急性子可能沒用，你得等他慢慢來，但他不會騙你，是多少就是多少；另外包著餛飩有著蓬蓬頭的太太，剛開始些許心事重重，或許想著今天生意如何，家裡的孩子、先生、公婆怎麼樣，家家有本難念的經，但後來在我來訪時，似乎撥雲見日，她綻放笑容。也許是想開了，不管多艱難的挑戰，日子還是得過，今天至少得活得精采。

穿著牛仔褲，看來老當益壯的老闆，他和另一名壯碩男子，一起賣著蛤蜊、魚丸、中卷、魷魚、蝦仁等。所有的食材，皆一盒一盒，俐落地擺放。他醃了一大箱的鹹蜆、鹹蛤，用蒜頭、辣椒、醬油與獨門配方下去醃的，撥開看時，是飽滿的、肥美的，當你一口吃進去的時候，有洋流的滋味，會想起幼年時阿母煮的糜漿清粥。

戴著圓帽的老婆婆，年紀頗大，她縮著身子，不發一語，全身充滿慈祥，卻有點發愣。她坐在攤車旁邊，忠心守候這些蔬菜，菜販婆婆溫和的臉，好似鄰家阿婆。在市場裡看到這樣的菜農，我都會很想很想走過去看看她，再買條絲瓜或一把枸杞菜，還是黑豬仔菜（龍葵菜）等，通常炒出來的菜，味道也異常鮮美。

走著走著，若有任何對環境的不滿與抑鬱八成都會慢慢消除，這裡的水陸鮮食、農村葉菜，給了我最大的安慰與療癒。不久，我瞅到路旁小小菜攤，有幾個優雅女士正圍著，我最愛湊熱鬧了，不用問，我的身體已自行挪移過去。

這個攤販有著我最信任的食材，至少我看到的第一直覺是這樣。我雖

現場削皮的新鮮荸薺

婆婆忠心守候這些蔬菜

新鮮的茄子與菜豆

然不是農家出身，但在宜蘭度過的那一年多時間，倒也深入山間或平原諸多果園農田。一般市場上多半為挑過揀過，發育美好的葉菜，到超市時，會整理得更透澈，一丁點的泥礫都不會出現。但真實情況是，甫出土的青菜，通常會夾雜些泛黃菜葉、雜草、泥土或小石礫，這些在這個小攤子上大概都具備。帶著方框鏡片的老闆，長得像名公務員，他用摩托車載來二只籃子，然後安放一片臨時用木板，置上磅秤，並立了手寫紙牌：人蔘山藥、紅蘿蔔與青蔥，字跡雖潦草，但他確實只賣三種物產。

「其實我主要是種山藥的！」老闆把幾個客人要的山藥跟蘿蔔裝好後，一面收錢找錢，一面告訴我。

「種山藥啊！是你自己種的嗎？」我盯著眼前的山藥問著。

「嘿呀，你沒看到這山藥的底部長的尖尖細細的，是我照顧很久的哪。」

「喔，尖尖細細……」我看了又看。「為什麼底部尖尖細細的啊？」我有些欲言又止，隨後仍舊問起。

「厚，既然妳這麼有研究精神，我就講給你聽啦。就是這個山藥有沒有，」老闆拿起如木棍般的山藥講解起來。「它在往下一直長的時候

市場內也有賣小盆栽，
小巧可愛

山藥老闆拿起自己種的山藥，幫我上了一課

為我指路的黑木耳汁大姊
開心地照相

啊，有遇到大石頭啦。」

「嗯，大石頭嗎？」我集中注意力地聽著。「那請問遇到大石頭是什麼意思啊？」真是夠了，我這下子肯定又會被認為是從外太空來的，問那什麼蠢問題啊。

我忘了時間，也忘了方位，我好像到了老闆的農田，雙手埋在冰涼溼潤的土裡，整片的山藥應該都感應到我的出現與善意，我覺得自在而釋放。但等我結束山藥之旅，跟山藥攤老闆說再見時，看看手錶，只剩二十分。唉呦，二十分鐘後火車就要開了，但，我應該走得出去吧。我於是快步走著。只是鐵齒的結果就是，時間滴答滴答一分一秒過去，我還在市場迷宮裡徘徊，貪心的想多看幾眼。終於看到前面有路口，我下意識往前邁進。走到十字路口時，為了保險起見，我還是問了下賣黑木耳汁的大姊。

「請問火車站要怎麼走？」時間倒數十五分鐘，我開始盜汗。

「火車頭嗎？你是講火車頭喔？」這位大姊正與一位短髮太太聊天，扭過頭來看我。

「對對。火車頭。」我很快地回答。

「我跟你說喔，小姐。來來來！」大姊往前幾步，她走到巷口處，示意我往前，跟她聊天的太太也跟著走過來。

「妳就往這條路走，看到第X個紅綠燈有沒有，你就右轉，直直走就到了啦。」大姊說的很簡單，短髮太太也同意，「對啦對啦。沒有錯啦。」

好，向前，右轉，但我來得及嗎？

正想趕緊跨步跑，又轉念。「你們要拍照嗎？」我到底在做什麼啊？但她們人那麼友善，豈不應該留下她們照片嗎？

正掙扎，但話已出口。「拍照嗎？」賣黑木耳汁的大姊眼睛突然亮亮的。「拍照喔！」她又說了一次。「好，來，」不知什麼時候，她與短髮太太已擺好姿勢。一個拉下口罩，一個雙手舉起，偏著頭，呈現最自然的笑容。

不是來不及了？我還問人家要不要拍照。但，她們真的很可愛。不過後來也因為這樣，我死命跑，拚命跑，沒命的跑。現今我在火車上，累得只想睡覺，闔上眼時，嘴角卻不自覺的笑了出來。除了市場裡幫我指路的黑木耳大姊，那位賣山藥老闆與旁邊太太，他們都出乎意料的熱情與親切，後來遇到這位問路的年輕人，更是熱心公益、見義勇為、義不容辭地載我一程。我張開睏倦的眼睛，看著火車往南直行，今天真是長知識，好好上了一課，也真心謝謝你們，親愛的，彰化鄉親們。多虧你們，我終於趕上回家的路。

FOLLOW ME
路得帶路逛市場

彰化三民市場

走著走著，若有任何對環境的不滿與抑鬱八成都會慢慢消除，這裡的水陸鮮食、農村葉菜，給了我最大的安慰與療癒。不久，我瞅到路旁小小菜攤，有幾個優雅女士正圍著，我最愛湊熱鬧了，不用問，我的身體已自行挪移過去。

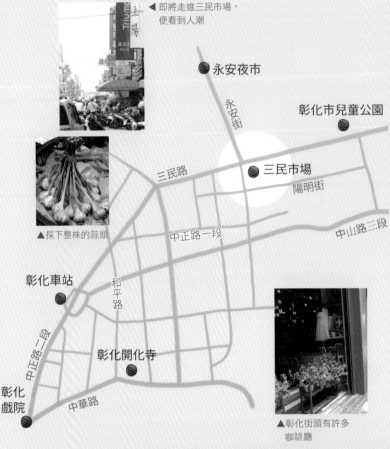

◀即將走進三民市場，便看到人潮

▲採下整株的蒜頭

▲彰化街頭有許多咖啡廳

▲市場裡常見的大花傘

▲山藥老闆與簡易攤車

▲水果攤的生意通常也很好

如何抵達 三民市場位於永安街，台鐵車站往東，走三民路，經阿三肉圓到永安街右轉即是；也可走中正路一段，經北門口肉圓，到永安街左轉。中央市場離車站約為1公里路程。步行約10分鐘。

・彰化三民市場附近街景

蛤蜊、魚丸、中卷、魷魚、蝦仁等。所有的食材，皆一盒盒擺放。老闆醃了一大箱的鹹蜆、鹹蛤，用蒜頭、辣椒、醬油與獨門配方調製。將其撥開看時，既飽滿又肥美。

▲整理蛤蜊的老闆

這位黝黑老伯賣的水果也不多，就西瓜、哈密瓜等，平整擺在推車上。他有著異常憨厚的臉龐，跟他買水果，急性子可能沒用，但他不會騙你，是多少就是多少。

▲這水果攤老伯，有著憨厚純真的笑容

這裡的市場水果攤亦很多。有的只是幾個木桌或推車，便在路邊販售的流動攤販。但這些水果多從果園或批發市場直接運來，超級鮮美。

▲可口的大蘋果

山藥老闆用摩托車載來二只籃子，並立了手寫紙牌：人蔘山藥、紅蘿蔔與青蔥。旁邊的阿姨則分享「種田人」的網站，文章裡有一些對種植養殖相關的資料。

▲山藥老闆與旁邊這位阿姨告訴我彰化種田人的相關資訊

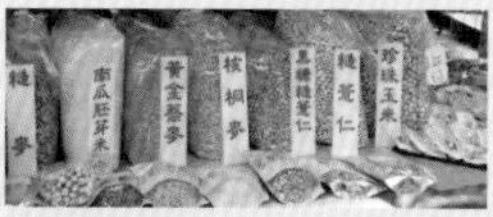

市場的雜糧攤，種類讓人眼花撩亂。有糙麥、南瓜胚芽米、黃金蕎麥、核桐麥、黑糖糙薏仁、珍珠玉米等。品質新鮮有餘，且選擇性非常多。

▲市場內的雜糧攤

▲整箱整箱的水果

▲賣滷味的攤販

賣饅頭的少婦，所賣的饅頭皆十二元。有白饅頭、紅糖饅頭、南瓜饅頭與芋頭饅頭等。皆純手工製作，少婦還貼心地在保麗龍裡擺上布巾，以維持饅頭的溫熱。

▲賣饅頭的少婦，以布巾保溫饅頭

路旁的流動攤販，多有老闆自己種的農產，如南瓜、芋頭等。或是自己醃的醬菜，蘿蔔或筍絲，還有晒乾的金針絲。

▲市場內的南瓜與醬菜

▲黃褐色的山藥

▲魚販將魚隻去鱗

嘉義

東市場

Chiayi

中南

桃城・醬菜之家

我驀然領會，雖然是老派的生活。

但，這才是家的味道。

台灣有個諸羅山，又名為桃城，很和風的名字，讓我立即聯想到《給桃子的信》（ももへの手紙）這部東洋動畫。一個喪父的小女孩，搬到鄉下的高腳木造和屋，透過三隻雖醜陋但很良善的怪物協助，直到終於看到父親寫給她的一封信。日本的鄉村、嫻靜的河流，風格上就跟諸羅、桃城的名字很協調。

諸羅山正是今日的嘉義市，其稱呼由平埔族發音而來，屬於嘉南平原的北部，建城已達三百年，清治城池規劃像顆桃子，桃城之名隨其成形。一九〇六年高達七・一級的梅子坑地震，是嘉義發展的關鍵。當時有一千多人喪命，鐵路扭曲變形，以土角厝為建築主體的房舍，也毀了大半。但危機就是轉機，日本人重建嘉義市區道路規劃，並積極開發阿里山鐵路，嘉義逐漸轉型發展，林業躍居嘉義重要經濟產業，檜木、雲杉等高級木材於是從阿里山上大批大批的被運送下來，輸往日本建造神社，也形成當地木材行林立的繁榮景象。

我從車站往市場走，沿路發覺有數間古厝，其木材、建材直到現代仍維護良好。我記起曾收看某些影視節目，文化人看上了像嘉義這樣的老房子，他們用極低的價錢買進，隨即進行改造，就這麼改成了咖啡廳、文創店、獨立書房、古風民宿等，於是各地的觀光客們慢慢湧進這些店，再以部落格、臉書分享了店鋪故事，一次又一次，老厝，有了新生命。這些人啟動了文藝復興，賦予老厝新舊世代下不同的面貌與使命。

嘉義的市場分為東、西市場，皆發跡於日領時期。當時西市場靠近市中心，從地圖上來看，距嘉義車站只有八百五十公尺；而東市場則靠近阿里山腳，距起初森林鐵路之起點的北門車站約一公里路程。雖以東西來分，但其實兩間市場也不過差距七百公尺而已，話雖如此，在那年代，兩邊可是各司其職。住得起市區房子的富人或大商賈，在西市場逛街買菜；靠近山區的東市場，則應付檜町的官員與山上的農民。而由於東市場是山區蔬果運下來的第一個市集，又有另一個稱號為「草市」。

一九四一年，又來了場七・一級大地震，在中埔。這次造成北門的第一代製材工廠震毀，東市場的木造建築倒塌。當攤販們在災難中努力撐起市場，不料，一九六三年與一九七八年經歷了接連二次熊熊焰火，燒掉了多數檜木，也損壞了市場二到三分之一的面積。大火之後，最後皆以水泥做局部的增建與重建。

自市區向東走中山路，未到圓環中央噴水池，轉國華路可以先到西

嘉義到處可見日式木造房屋

這棟二層樓洋房在當時可謂相當氣派

以高級檜木蓋市場，
只有嘉義看得到

市場。過去風華絕代的西市場，由於經過改建，閒置時間又過長，造成目前攤販多數已外移。儘管市場內部多少蕭條，但附近國華街、第一商場、第二商場，乃至文化夜市，仍舊熱鬧喧譁，以流行商品等潮店，以及傳承數代的餐飲店為主，如火雞肉飯、砂鍋魚頭等。他們生意長紅，網路電視都曾報導介紹，所以到此一遊的人客啊，若想要有寬敞緩慢的用餐品質，只能避開假日人潮。

而桃城裡有間醬菜老店，是我在東市場裡發現的。

說到醬菜，大致上跟醃菜很像，就差個醬油或醬料。新鮮晾乾的蔬菜，加入基本的鹽巴、各式醬汁、些許糖醋，再放進獨門香料及辛香料，靜置後，壓榨出多餘水分，再放入醬缸或其他容器裡醃製一段時間，就能大功告成。韓國人的辣泡菜蘿蔔；日本人的塩漬け、醬油漬け；義大利人的油漬番茄、鹹橄欖等大概都是不同民族風格的醬菜。台灣客家人的福菜、梅乾菜；宜蘭福州後裔的豆腐乳；還有阿里山腳的筍乾、梅子乾，都是醬菜典型的代表作。

剛開始還沒發現醬菜店前，我在市場裡與往常一般，逛著青菜、海鮮與魚類。東市場裡的熟食攤位都有種老味道，香腸熟肉店、樣樣青的肝連、脆肉、脆腸、肉捲、粉腸、豬肝、章魚、鯊魚煙，亦有苦瓜、綠花椰等。當然還有屬於嘉義獨門的蟳糕，跟台南的蟳丸有著異曲同工之妙。賣春捲皮的老店，也是傳說中擁有祖傳家鄉味的手工春捲，一張接一張，可謂應接不暇。牛雜湯也在旁，用餐時刻難以找到座位，得自求多福，多等一會兒。還有米糕店，老闆娘正炒著熱呼呼的新鮮肉燥。

東市場的另一頭，是嘉義有名的肉鋪店。店主人很年輕，剛畢業沒幾年，她告訴我，因為是家族企業，所以選擇留下。她剛做完肉乾，好厚一片，馬上不手軟的請我試吃。別小看她年齡，就是她請人帶我去看東市場的檜木屋頂，我才得以這麼迅速地找到古蹟所在。

醬菜在拐彎處。剛到時，我大概是被滿山滿海的醬菜嚇到，所以在攤前呆立許久，老闆倒是一派輕鬆，對我微微笑，「有欠啥米無？」

我努力將目光一一定焦，但種類太多，我還來不及反應。老闆大概看出我的疑惑，於是開始解說起來。

「芥菜可以用來做酸菜。」

「這邊是醃黃瓜。你看這是一日醃，今天沒賣完，會繼續醃下去。上面這排是三日醃。」

東市場裡的春捲攤大排長龍

嘉義最有名的火雞肉飯店

1｜2

1. 老闆拿出 LV 等級的黑金菜脯
2. 這麼大片的鳳梨豆醬你看過嗎

「哇！還分的這麼細啊。」我訝然，回答著。

老闆呵呵呵地笑了起來，「按內哪有細啦，本來就是愛按內做啊。來來來，厚你看卡詳細ㄟ。」於是他領我到對面，我才看到好幾大桶醬菜排成一行。

「現在這些醬菜通通在裡面發酵啦。」他稍微打開讓我瞧一眼，然後蓋上。「阮ㄟ攏無黑白放，全部純天然、純手工，厚伊家己發酵。」

「按內不就愛真長ㄟ時間。」我提出問題，「甘ㄟ赴賣？」

「阮是專門ㄟ做內，那ㄟ有啥米問題。」老闆又咧嘴一笑。「其實有的一天就ㄟ凍吃，看你愛啥米口感、啥米氣味。所以阮會分一日醃、三日醃，擱有一禮拜ㄟ。」

接著他又繼續說，「阮嘛有醃很多年的，你甘知影黑菜脯？」他又走到店鋪裡面，挑了其中一只玻璃罐，裡面有好多條烏漆抹黑的東西。「這是LV級的菜脯。」

「我哉我哉。」我想起前陣子鄰居送的菜脯，也是這樣「黑嚕嚕」，說醃了十幾年了。「這講對身體就好ㄟ內。」我呼應著老闆的介紹。

「你嘛哉喔？」老闆點點頭。「然後這些是阿里山上的筍絲。」他抓起一把，抽出一到兩條，說著。「這可不是機器做的。你看這筍子很幼絲，有粗有細，這是人工分離的，你還可以像這樣自己輕輕撥開，有沒有看到？這一絲一絲的。」

「有有有。」我馬上應答，因為看來真的很幼絲呢。

「這裡還有花菜乾、高麗菜乾，還有一整串的酸豆。這喔，台北人最愛囉，可以拿來炒肉絲。」

顧客上門了，老闆先暫停。來了位老婦，買些榨菜與西瓜綿。

老婦走後，老闆又道，「你沒有看過我們家一般的菜脯？有切丁的、有整條的，就是剛剛那種黑菜脯的前身，我們這裡也賣得很好喔。另外還有醃成黃色的蘿蔔、醬蘿蔔。對了，你吃辣嗎？冰箱還有辣蘿蔔。」

老闆趨前，取了冰箱的辣蘿蔔，讓我試吃一兩個，「哇，辣的好！夠味！」我大聲說了出來。老闆哈哈笑了幾聲，之後像是想起什麼，他走到店鋪裡面，「這醬鳳梨與醬筍你有看過嗎？我們家的醬鳳梨是用大片鳳梨下去醃的。醬筍是桂竹筍做的。」

還沒說完，一位貴婦拎著包包，收起陽傘上門。「老闆，給我些嫩薑。」老闆聽聞走到嫩薑那區。「你要哪一種？」

「我要上次你賣我的最細的那種。」老闆想了會兒，走到最後頭櫃子底下，搬出另個玻璃罐。在老闆裝袋時，貴婦對我說，「我從很小的時候就在這市場玩進玩出的。」

你說得出的醬菜這裡通通都有

「那很久囉？」我問到。

「當然久啊，你看我都七十好幾了，東市場也有百年了。而且你知道嗎？雖然我結婚後嫁到高雄去，但每年只要回娘家，我都會來這市場，也都會來這間醬菜店買東西。高雄啊，看不到這樣的店。」

「高雄？我也是高雄人耶！我從左營來的。」他鄉遇到故知，我隨之欣喜起來。「這樣啊！我住三民區。」貴婦掩嘴笑著。「這醬菜店也已經快百年了，我在其他地方都吃不到這種味道，可能從當小孩子就吃習慣了，所以很懷念啦。」

老闆已經將貴婦要的全部裝好，貴婦微笑地與我說再見，看來心情極好。爾後再度上門好幾個客人，中年的、年輕的都有，「老闆，那種現煮的桂竹筍出來沒？」

「還沒，山上說還要二到三天，過兩天再來應該就有了。」老闆殷切地回答著。

客人陸續走了，我向老闆致歉，不好意思耽誤他做生意的時間。沒想到老闆爽氣地大笑。「不會啦！其實我一早時最忙，因為要交貨給各大餐廳小吃店，交完貨可就輕鬆了。」

老闆接續說，「以前我阿嬤開始做時，山上很多人來買，也有人用山上的物資來換。」

「那現在呢？」

「現在吃的東西太多樣了，所以生意還算普通。不過，日本人很愛來我這裡買嫩薑，他們都說我們這裡做的比日本好吃，價錢又很公道。每次來，都會帶好幾斤回家。」

市場內的蔬菜攤

好吃的魷魚

你看到鱧魚身上的紋路有個「八」嗎

從阿里山來的各種醬筍、筍乾、醃竹筍以及嫩薑

我在醬菜店待了好長一段時間。聊過頭了，走出市場時，黃昏市集的攤販們有的卸貨，有的正在設攤，我向醬菜之家買了醬筍、醬瓜、醬鳳梨、辣蘿蔔、嫩薑等，準備回家大顯身手。提著這些醬菜，往回走向車站，又看到道路中熙來攘往的人群，正往來於各個攤販和農婦之間，從新鮮番茄、野菜、豆薯、玉米，連根的蒜頭；鮮魚、魷魚片，還有養殖水產，皆澎湃上場。一間水產店鋪主人在門口養了好幾缸的淡水魚類，細心的與我分享他的成果。「看喔，這是鰻魚，日本人最愛的。做蒲燒鰻、鰻魚飯都很好吃。這是泥鰍，有大有小。旁邊是鱔魚，很有生命力吧，游來游去，要吃多少再殺多少，很新鮮吧。還有這個，鱧魚，你有看到牠的紋路呈一個國字『八』嗎？」

我又在水產前，與老闆討論好一陣子，可惜回家的路太遠，沒辦法就這樣提回去，只好拍照留念，將這些活碰亂跳的魚兒放在回憶裡，先行告辭。

返家後幾天，我用醬筍、薑絲與米酒清蒸三角魚；醬鳳梨，則用來燉了鍋鳳梨苦瓜雞；整條的菜脯切末，和蔥花拌在一起，與蛋液調和，入鍋油煎，做盤菜脯蛋；至於醬瓜與辣蘿蔔則直接裝盤。看了眼所有的菜色，我順勢抓了把米，熬起地瓜粥。

梅子嫩薑切細片，佐味從市場帶回來的現做手工花壽司。又備了兩盤青菜，來碟鹹味花生米。

上菜了——

清蒸三角魚　菜脯蔥花蛋　花壽司佐梅子嫩薑

鳳梨苦瓜雞　蒜炒空心菜　地瓜粥

醬瓜　肉燥大陸妹

辣蘿蔔　鹹味花生米

嘉義近百年的醬菜之家，改變了我們的餐桌料理。我們恍若回到了祖母那時代，整屋子老派的裝潢、龜裂的木頭。整桌子在當時只得節慶時才能吃的料理，吱吱嘎嘎的，是大夥穿著木屐拖鞋走動的聲音。那是一個在阡陌田埂中的三合院，正廳的燈火通明，蟬鳴、蛙叫是最佳的餐廳配樂。今晚，不追韓劇、不打電動、不上網工作，決定一家人品著佳餚，喳喳呀呀地聊著今天發生的細微末節。

我驀然領會，雖然是老派的生活。但，這才是家的味道。

東石港的鮮蚵品質上等

從中部來的大紅草莓

嘉義東市場

東市場的另一頭，是嘉義有名的肉鋪店。店主人很年輕，剛畢業沒幾年，她告訴我，因為是家族企業，所以選擇留下。她剛做完肉乾，好厚一片，馬上不手軟的請我試吃。

◀這位年輕女孩鎮守的是家族企業

◀市場外之水果攤

▼路邊整排都是小農的蔬菜

▲西市場的料理攤

▲西市場經過整建，目前攤位不多

▲手工製作的筍絲，切面較為大小不一

如何抵達 嘉義東市場位於嘉義車站以東 1.5 公里處。步行約 20 分鐘，走中山路到圓環，經文化路夜市，轉光華路，再接光彩路即可抵達；亦可搭乘嘉義縣公車，如 7320。但只有 3 站，在市府站下車步行 450 公尺就是市場了。

・西市場附近的店家

嘉義 東市場

從 1920 年成立的商店。日治時期經營百貨雜糧店，現在則以販售電子天平、電子計重秤與電子料理秤為主。

▲歷史悠久的磅秤店

這裡的醬菜店走過八十個年頭，裡面應有盡有。如醃黃瓜、黃蘿蔔、醬筍、醬鳳梨、花菜乾、高麗菜乾，還有一整串的酸豆。

▲醬菜老闆正處理客人的醬料

東市場裡的熟食攤位都有種老味道。香腸熟肉店裡的古早味——肝連、脆肉、脆腸、肉捲；粉腸、豬肝、章魚、鯊魚煙等，亦有嘉義獨門的蟳糕。

▲熟食攤的老闆娘

這間嘉義有名的肉鋪店，店主人是家族企業的一員，回鄉打拚。她剛做完肉乾，好厚一大片，馬上不手軟地請我試吃。除了肉乾，還有肉角、肉鬆等產品。

▲這間肉鋪店也是網路人氣夯的名店

東市場外的黃昏市場，有間水產專賣店鋪，擁有各式淡水魚類，每個箱子都打上氧氣。如鰻魚、泥鰍、鱔魚、土虱以及鱸魚等。

▲這間店鋪都是淡水養殖魚類

東市場內的米糕店。炒好的肉燥放進杯碗裡，再放入糯米，就是美味的筒仔米糕。這家店除了米糕，還有龍骨髓湯、排骨酥湯、酸菜豬肚與苦瓜排骨湯。

▲大火炒起，現在正製作百用肉燥

1 | 3 4
2 |

1. 鮮度很高的高麗菜與四季豆
2. 黑葉小番茄，小農自種的水果
3. 有切丁的菜脯，也有整條的菜脯，看你做菜需求是什麼
4. 米糕

台南

新營市場

Tainan

中南

故鄉的豆菜麵

不知從何時開始，
眼前這碗簡單不加肉燥的豆菜麵，
竟成了我記憶中最熟悉原始的好味道……

是父親成長的地方，他是新營高中的校友，從小我便常陪父親到他的故鄉新營。我們會到糖廠走走逛逛，到長老教會繞繞拍照，聽他回憶求學時候的故事，如何能品味到糖廠裡的甘蔗、大啖路邊的野生龍眼果實？怎樣才可以擠進狹小空間的五分車，享受搖晃的快感？又是如何爬到山丘老樹上，只為了挖蜂巢裡的蜂蜜或蜂蛹來吃？

新營在明鄭時期為屯營區，日治因縱貫鐵路之設置而逐漸發展，一九〇七年興建新營糖廠，成為此區主要的經濟活動，以整個台南地區發展來看，曾文溪為一個相當重要的分界點。溪北有七股溪、將軍溪、急水溪流過，因靠近嘉義，受嘉義影響較深；溪南則有鹿耳門溪與鹽水溪貫穿，擁有府城市中心的樞紐位置。不論是溪南或溪北，因灌溉水源眾多，倚山平原地帶多闢為農田果園，物產多樣豐饒；沿海地區的台江海埔地與瀉湖，更因腹地廣闊，衍生為蓬勃興盛的魚塭，為台灣養殖業的主要漁場。而新營正位在溪北之地，因此即使劃分上屬於台南，但從日治時代在學術教育文化活動上，就與嘉義互動往來極為頻繁。

現在的新營市場草創於日本時代，民國七十五年方進行改建。自

新營市的圓環。走到這裡代表已快接近市場了

新營市場一隅

新營台鐵車站前圓環五通道中的中山路直行，越過第二個圓環六通道，繼續走中山路，再度遇到三角環五通道，改走復興路即可。話說台南道路規劃中的圓環還真多，整體來說以車站為主軸，道路就像陽光輻射開來。撇開圓環，新營市場目前有三百多個攤販，各類生鮮食蔬都非常精采。

幼年記憶裡，關於新營菜市場印象不深。但多少記得市場多數攤販概略都是路邊擺著攤，就做起生意。跟多數地區早期的市場大同小異。攤販的種類繁複，買菜的人往來成群，逛的時候若不稍加留意，人跟人之間就會碰來撞去的。對當時年幼的我而言，青菜水果並不稀奇，但就很愛吃新營豆菜麵這味兒，當然周圍的麵攤賣的一碗十五元的湯麵也不賴，據父親說，他那時代的湯麵一碗只需五元。有些麵攤就在榕樹下，吃的時候可以自在地捧著，隨便找個板凳或樹蔭處坐好，接著，你很快就會聽到「簌簌、簌簌」的吸麵聲，像日本人吃拉麵的模樣一般，終了再加上一個「呵」，飽足的打嗝聲。

豆菜麵是我在其他地區不容易見到的一道平民料理。有時一段很長的時間沒回新營，會覺得彷彿這道料理已從生活中徹底消失，直到回到新營市場再度看到它，你才會明白，它，依舊是存在的，像是個老朋友，永遠不曾離開過。查考文獻資料，大致上也歸納出它只盛行在台灣西部介於曾文溪與八掌溪之間的嘉南平原，於是新營、鹽水、白河等地的市場或巷弄麵攤都看得到豆菜麵的招牌，雖說都叫豆菜麵，但麵條還是會依地區而有所不同。

新營豆菜麵的麵條是呈扁薄狀的油麵，而且口感偏軟。這厚度的麵條剛好非常適合這道麵食的作法。大水滾開，下麵條，而後撈起。倒下食用油，以筷子拌勻，放涼，要吃的時候才放上煮好的豆芽菜，並淋上蒜頭醬油。麵條因輕薄，瞬間就能吸進嗆勁十足的蒜味，在咀嚼時便得以感受到蒜味滿盈的滋味，進而領略其中扮演帶路人的麵條世界，我很喜歡回味這樣的意境，往往扒完一碗時，會很自然地說，「再一碗！」

事實上，你也可以說這種麵條還蠻像「豆簽」，另一項早期農村麵食，以豆粉與麵粉混合製成的麵製品，可以搭配絲瓜、蛤蜊煮成湯麵，也能做成乾豆簽。至今在台南鹽水一帶仍可見到豆簽羹這道鄉村美食。

我到新營市場採訪時，很快便找到市場內傳承好幾代豆菜麵專賣店。過去幾年，每次到新營，最起碼一定都得帶上十斤豆菜麵回高雄，

1｜2

1. 階梯式菜販
2. 炒米粉

豆菜麵是很多
新營人的家鄉味

然後接下來的日子裡，幾乎就會餐餐吃豆菜麵，直到滿意為止。有次夏日烈陽發威，返回高雄時，豆菜麵竟浮現酸味，氣急敗壞懊惱之餘，發下重話，得找出有效帶回豆菜麵的方法。於是自那年起，到新營的行頭又多了一樣冰桶。在冰桶裡頭鋪上大冰塊，冰塊中間再投入碎冰，「登登！」別說十斤，二十斤的豆菜麵一樣新鮮的不得了。

新營市場裡仍可見著某些日式老舊平房。除了豆菜麵、豬肉攤與雞肉攤；布袋漁港、前鎮漁港來的海產；南北貨、綜合火鍋料；目不暇給的鮮香蔬果，更是不遑多讓，樣樣品質了得。這裡攤販的伯伯嬸嬸看到我，總會熱情地與我打招呼，讓我對他們的物產多研究些時候，某幾位老闆還會翻箱倒櫃，取出後頭的好食材，教我分辨好壞。還有些會專注的處理食材，示範如何切肉分類等。

除了市場生鮮，附近榜上有名的小吃也不少。浸在油鍋裡的大肉圓、米糕、鴨肉羹、現烤的香腸糯米腸，還有值得嘗試看看的炒鱔魚老店，那裡的灶爐是以粗糠為生火材料，火力全開時炒出來的鱔魚，鮮度與甜度都能完整保持，直到送進客人的嘴巴裡。市場外，有間開了數十年的青草飲料店，每項都是舊時代的飲品，冬瓜茶、楊桃湯、青草茶、檸檬汁、現榨的椰子原汁、百香果汁、紅茶、蓮藕茶、冰咖啡等，這店也是我每回必點的冰飲店，過去是上了年紀的老闆在賣，這回出現了年輕面孔，正式換兒子掌門了。我特別鍾愛粉嫩色的蓮藕茶，從白河來的蓮藕純度很高。椰子汁亦屬熱銷商品，光看到攤位的前面與後面，那像山一樣疊砌的上好椰子，從屏東椰子王國來的，就知道有多受這裡的居民青睞。

另一攤的虱目魚店也挺特別。幾位二十歲出頭的俊男美女在工作台前汲汲營營，連頭都來不及抬。賣的只有五樣，肉燥飯、虱目魚腸、蚵仔粥、虱目魚肚粥、鹽瓜魚頭。這裡熬煮魚頭，用的是醃漬的鹽瓜，酸酸甜甜的味道，我問其中的大姊，怎麼會來這裡賣，她用溫柔又有禮貌的聲音告訴我，這裡頭都是她的表弟妹，因為阿姨在賣，大家都來幫忙，後來就接著繼續賣。我幫她們多拍了幾張照片，畢竟能在市場裡看到如此賞心悅目的鏡頭實在太少。

五彩繽紛的各種火鍋料、魚丸

這攤虱目魚料理攤清一色都是年輕人

肉燥飯相當道地

終於到了午餐，我照往例到市場旁的豆菜麵攤解決我的中餐。

「老闆娘，豆菜麵、肉羹，各來一碗。」我點餐。然後選了個近門口處坐下。

「小賊（姐），你甘友愛加肉燥？」老闆娘轉過身來問著。

「今嘛擱有加肉燥喔？」我問到。「我毋免無要緊啦。」

「啊就有些人愛吃按內啦。」老闆娘被我這樣一問，反而顯得有點手足無措。「喔，有人愛吃肉燥ㄟ喔！」我馬上又加了一句。「啊我卡愛吃原味啦。」

說實話，吃了數十年了。我斜靠在店門口翠綠色的木頭門框旁，深思了好一會兒。「原來啊！」我到這時方才體會，不知從何時開始，父親的家鄉味，眼前這碗簡單不加肉燥的豆菜麵，竟也成了我記憶中最熟悉原始的好味道。

離開市場，返回高雄時，注意到鐵支路花園的路牌，就這麼走進去探探。據官方資料，這園區於二〇〇九年榮獲「建築園冶獎」。才往前走沒幾步路，竟讓一個畫面所感動。「是山櫻花呢！」我覺得不可思議，這裡竟然就能看著山櫻花，而花兒旁邊，正是保留下來的五分車軌

這裡是新營的鐵支路花園

道。從山櫻花到五分軌，腦海迅速出現日本當紅動畫大師新海誠的《秒速五釐米》。故事裡的最終話，是這樣描繪的。數年後在櫻花盛開的季節裡，花瓣像雨一般紛紛落下，貴樹在穿過鐵軌時，瞥見擦肩而過的明里，那被風吹動的長髮，驚動了貴樹內心最深處的思念，但晃眼間，影片的最後一幕，貴樹又只看到街景，沒了明里。這一切究竟是幻覺，抑或真有其事，留給觀眾與讀者遐想。而同樣的，此時此刻，在這鐵支路花園裡，我宛若看到阿里山上的滿滿櫻花，在軌道旁呈現。櫻花，開得真好，隨著微風，她以飄落的花瓣捎來春天的氣息，串起了父親舊時故鄉的景象與現今新營的變化。五〇年代的新營，我沒看過，但，我抹掉剛剛吃豆菜麵時嘴角的蒜末，會心一笑。只有這味兒，倒是與我小時候吃到的味道毫無差釐……

台南 新營市場

新營市場裡可見著某些日式老舊平房。除了豆菜麵、豬肉攤與雞肉攤；布袋漁港、前鎮漁港來的海產；南北貨、綜合火鍋料；目不暇給的鮮香蔬果，更是不遑多讓，樣樣品質了得。

▲市場內也有販售豆菜麵

▼豆菜麵

▲老闆很開心的拿出茭白筍

▲市場外圍的攤車

▲從屏東來的椰子

如何抵達 位於新營區復興路上，為新營市場。離台鐵車站約 1.2 公里的距離，如果乘坐台鐵來新營，以步行的方式走中山路，過了第一個圓環，續走中山路，抵達三角圓環，改走復興路，即能拜訪市場。步程約 15 分鐘。

・市場裡的老厝

市場內的菜販夫婦，笑容可掬。看到我開心的比「讚」。他們販賣高麗菜、紅蘿蔔、番茄及各種葉菜，還有他們家的茭白筍，更是新鮮的不得了。

▲我家的蔬菜品質讚喔

新鮮的現宰豬肉，也有賣牛肉片、豬肉片、牛腱心與沙朗小排。手工包的水餃更是值得一試。

▲市場內豬肉攤

市場的海鮮，是從高雄的漁港來的。老闆娘從後頭的冰櫃裡，大方地拿出小卷與軟絲，不怕你仔細看，還能摸摸看，其觸感真的非常厚實與Q彈。

▲魚販太太拿出厚實的小卷與軟絲

年代久遠的飲料店，每天都賣著冬瓜茶、楊桃湯、青草茶、檸檬汁、現榨的椰子原汁、百香果、紅茶、蓮藕茶、冰咖啡等。尤其是從白河來的蓮藕茶，還有現榨的屏東椰子汁。

▲舊時代的飲料攤

位在市場外的豆菜麵攤，是我常去的一間店，每回都會吃上好幾碗。除了豆菜麵，還有炒米粉與肉羹，價格不僅親民，還有難以忘懷的古早味。

▲這間是懷念的豆菜麵攤

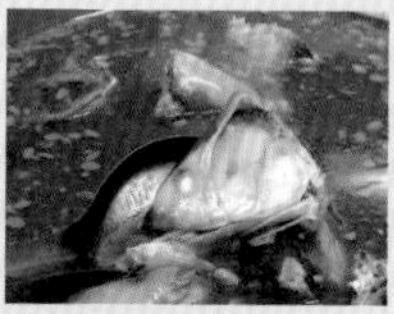

位於市場外部的虱目魚店。賣的只有五樣——肉燥飯、虱目魚腸、蚵仔粥、虱目魚肚粥、鹽瓜魚頭。這裡熬煮的魚頭，用的是醃製的鹽瓜，有著酸酸甜甜的味道。

▲這裡的虱目魚頭做的是鹽瓜口味

嘉義北港的蒜頭，大顆飽滿，又辣又嗆。老闆娘專賣蒜頭，在一旁將蒜頭分類，並將最頂級的挑出，去膜裝袋。

▲從北港來的蒜頭

▲老闆娘將水果一一擺好

▲這位年輕少婦正切下標準的虱目魚肉

▲我做的滷味也很好吃喔

▲肉羹的料非常實在

台南

東菜市→西門市場→水仙宮市場→永樂市場

Tainan

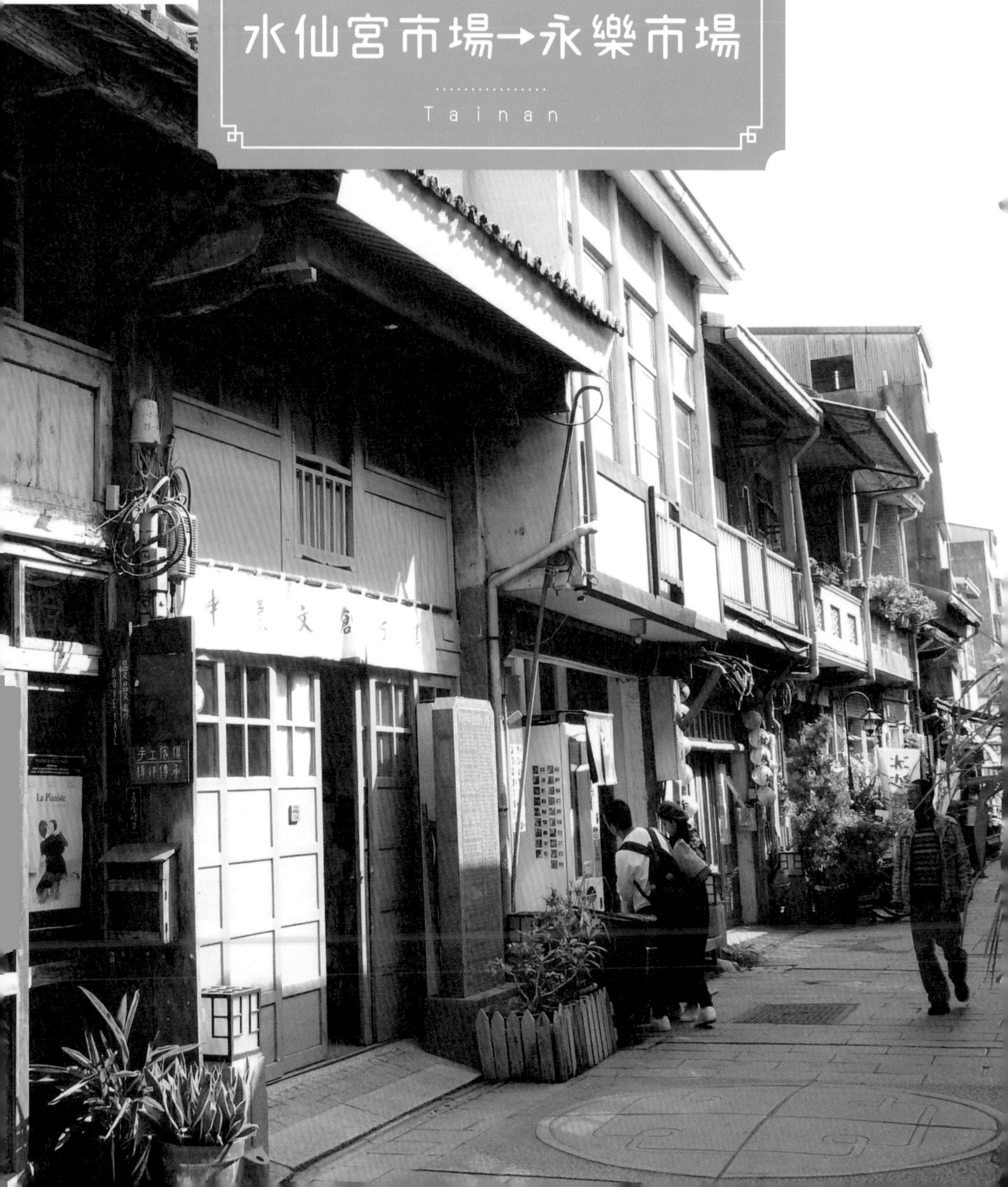

中南

今天，我要去台南逛市場

「我敢說現在到台南的，大多數不是逛古蹟，就是鑽巷子。」
「那媽，你明天也要去鑽巷子嗎？」
「我啊！ 嘻嘻嘻！ 我要去逛市場！ 而且，只逛市場。」

早上六點十分。

剛進入春天，太陽悄悄提早了破曉腳步。雖然每天都睡眠不足，但還是得好好扮演煮飯娘的角色。送走了老公兒子，我也趕緊出門上工。

搭上火車，腦海重現昨晚跟大學好友的對話。

「請問府城之女，你們都到哪裡買菜？」

「嗯！買菜喔，」「你等我，我問一下我媽更準確喔。」

我哩勒。滴滴、答答、滴滴、答答。時間一分一秒過去。

「有啊啦。我阿母講，今嘛佇阮台南，東菜市、水仙宮市場那區尚有歷史。」

回到隆隆聲不斷的區間車裡。當火車已不再有煤火，已不再開窗吹風，唯一存在的，就是沿路的鄉村風光。

新左營—楠梓—橋頭—岡山—路竹—大湖—中洲—仁德—保安。台南到了，我下車，出了月台閘口，我徒步前往。

台南的政治歷史毋需我贅述，但因當中歷經不同種族深入統治，所以也牽涉到整個台南市場貿易，形成當地人豐富的飲食文化。來到台南，很多人會參觀赤崁樓、孔廟、鄭成功騎馬像、安平古堡等，然後來

1. 高掛燈籠的東菜市
2. 逛市場的時間到囉

點傳統小吃。當然，還有我那摯友府城之女說的，「咖啡廳這些年還真是如雨後春筍般展店」，所以到古都，一定要喝杯香醇的咖啡，店家最好是在巷子裡，人們說的氛圍才會到位。

根據現存於荷蘭海牙檔案館裡的《熱蘭遮城日誌》，裡面記載相當多關於台灣的文獻。一六二四年荷蘭人登陸台灣，在安平蓋了熱蘭遮城，在赤崁蓋了普羅明遮城，荷蘭東印度公司亦在安平建立據點。台灣氣候潮溼溫暖，除了牛隻加入墾荒耕種稻米，他們也在嘉南平原開闢蔗田，所製成的糖從安平出海，送往亞洲據點巴達維亞（今印尼雅加達），長達三十八年的歐洲思想就此傳播，對於糖的使用也因府城演變為多樣化食品繼而蔓延開來。

一六六二年明鄭與荷蘭在安平開戰，烽煙四起、砲火連連，鄭成功自鹿耳門跨越了台江內海。直至清康熙時期，府城成為台灣首府，進入最繁榮輝煌的時期。當時台灣盛產的米、糖均大量輸出中國，帶動商業貿易，台南的水仙宮市場彼時草創於一六八三年。而為了應付互動頻繁的商業行為、同業間的惡行競爭，遂形成商業公會，當時謂之「郊」。乾隆嘉慶年間，台南的北郊、南郊與糖郊三郊，確實扮演著府城地區進步的一大主因。

清領後期，台江淤積，三郊與官方合力疏濬五條港道供通商用，為今日台南中西區之「五條港」，其範圍約在中正路以北、成功路以南、新美街以西，但台江的淤積作用仍持續，陸地上升、海岸線退後而形成海埔地。雖然嚴重影響安平港，但卻也衍生出另項經濟產業：鹽場、養蚵、蝦與虱目魚。而當初荷蘭人自澎湖與爪哇引進屯墾的牛隻，也因耕種機械化而轉供畜牧養殖，善化的肉品屠宰場便為南台灣規模最大，也是全國僅存三大牛墟之一，即買賣交易場所。到如今，台南的小吃仍圍繞在以糖為主的糕仔餅、大餅，以及因養殖而盛產的蝦捲、蚵嗲、蚵仔煎、魚羹、虱目魚料理，以及溫體牛肉湯。

拉拉雜雜道出了一長串的歷史演變，也多少理出台南小吃的走向。我從台鐵車站步行到東菜市，今天行程中有幾個市場，我打算用腳寫日記。

東菜市算是台灣第一個無菸市場，在日本統治初期便成立，至今也有百年。市場的最外面，是八寶冰店，在炎熱的天氣下，生意非常好，一鍋鍋現煮的粉圓、愛玉、仙草、粉粿、紅豆、芋頭等，加入大把細細綿綿的剉清冰。

進入市場。烤香腸、蝦捲、黑輪片攤，隔壁則是汆燙小卷、一個個小圈圈吸盤並排的章魚爪、鯊魚煙攤，這些都是絕妙的下酒菜，客人們可以買回家加菜，亦可配點小酒。這兒的攤販露出台南人特有的歡迎笑容，整個市場裡大紅燈籠高高掛，似乎一再提醒著此地正為古老的府城。往前，繫著帆布圍裙的魚販太太正將鮭魚塊一個個排列好，白裡透紅的鮪魚、旗魚、深海�也在側。鄰旁是菜販，像萬聖節的大南瓜、台南的老薑，亦有磨好的薑黃粉。

東菜市的最深處，有間開了數十年老店的炸物小販，攤位非常之小，他們家的炸物都現炸，最有名的是以碎肉、蔬菜包裹魚漿的龍鳳腿，由一對老夫婦共同經營，我一直很佩服夫婦合力經營的店家，因為他們代表的，不只是要具備如同趣味競賽裡兩人三腳的默契，還要諸多的犧牲自我與排除衝突的能力。老夫婦看到我，溫和的用夾子夾點炸四季豆或牛蒡絲遞給我。「來，吃看賣無要緊啦。」

對面的阿婆陽春麵，餛飩是我的最愛。帶著髮箍的老婆婆，慢慢地坐在竹凳子上包餛飩，臉上那一條條的皺紋，像極了泰雅族人在臉頰畫上的條紋。別小看這些餛飩，不僅一顆顆好大一個，湯頭更是骨仔味洋溢，加上爆好的紅蔥頭，我一次可以喝上兩碗，再來點滷味、乾麵什麼的。

市裡尚有間頗有歷史的糕餅鋪，招牌像是一甲子前掛上的，賣著各種口味的糕仔餅，有鹽味、烏梅、綠豆、杏仁等。小工廠就在後頭，幾

現燙熟食——章魚、小卷、鯊魚等

魚販攤的老闆娘

個看似一家人的工作人員在機器旁趕工著，以求呈現最精緻品質的糕餅。

潮服、內衣、鞋子店等；巷口還有熟食，油煎吳郭魚、紅燒秋刀、蒜炒螺肉，看了都讓人食指大動，這就是市場，像個園遊會，買來邊走邊吃是常態，也不會有人跳出來說你沒規矩或沒禮貌。

我離開東菜市，走了約二十分鐘，經過台灣文學館、日治時代的林百貨，終於到了西市場。西市場源於日本明治時代，一九〇五年興建，是當時南台灣最大的市場，台南人稱之為大菜市。後於一九一二年，日本大正年間增建，那時剛蓋好的市場建築相當華麗，擁有馬薩式屋頂，與高達九十七攤的攤販。到了一九三三年，日本人又在市場外頭蓋了些店鋪，名為淺草商場，盛極一時。

大戰過後，傳統的零售市場改為西門市場，卻逐漸沒落。我前去探訪時，感覺裡面有點凋零，只剩下些傳統布行，販售紅色、綠色、藍色、紫色等一綑綑色彩鮮豔的布料，或懸著古舊且有點掉漆的西服店招牌。再沿著蜿蜒的小路，你或許還能瞧見被遺留下來，斑駁、稍微破損、空蕩蕩的木造建築。

走過幽靜的西門市場，在某個巷子出口，陽光挺刺眼，就這麼傳來

人來人往的買菜人潮

餛飩內餡滿滿，好大一顆

台南有名的糕仔餅

人們喧鬧的笑聲，真是柳暗花明又一村。沸沸揚揚、時髦流行的年輕人，使我感到詭異，轉頭看看昏暗無人的巷弄裡頭，再望向外面街景走出去，時尚服裝、配件包款、個性潮店、冰淇淋、飲料店，配上所謂搖滾活潑的動感音樂，僅兩分鐘光景，裡外的改變，卻讓我陷入局促不安。這是哪裡？原來是淺草青春新天地。

穿越好些十幾、二十多歲年輕無敵、走路都像跳街舞、唱RAP的青少年男女。我邁向下一個目標。

沿著國華街三路，往北行約五百公尺處，即可瞧見永樂市場整排建物，我在永樂市場內部走踏，試圖想找到任何攤位。一位老先生，正坐在市場入口米糕店巷子旁，我原先以為他是米糕店老闆，便與他聊上些話。

「我喔！毋是啦，我毋是頭家嘞。」老先生呵呵地笑了起來。「我住附近啦。啊就無聊啊，坐佇這矇看人啊。」老先生說著說著，有點羞赧。

之後他又說，「這個市仔柱蓋好時，有幾個攤仔進來賣。不過跟水仙宮離太近了，所以做不起來。沒多久，大家嘛是去水仙宮買菜，這就剩外面賣吃的那些店。」老先生所言甚是，難怪永樂市場裡面沒半個人，連隻貓都看不到，且所有的店家都是鐵門拉下，大門緊閉，與外面的熙熙攘攘成了強烈的對比。

「阿伯，若是要去水仙宮菜市仔，按怎走卡緊？」我想起問路是最快的方法。

「水仙宮喔？來，你對這行，看到一間肉店，越過去就是啊。」老先生真是和藹可親極了，告訴我最快的捷徑路線。

我向他道謝，繼續往前走。興建於民國五十一年的永樂市場與水仙宮市場只相距二百八十公尺，因此彼此串聯，匯集成美食部落。但我走的是老先生講的捷徑，自永樂市場內部建築直接穿過去，距離相形更短了，我似乎有點明白為何老先生說的永樂市場做不起來的原因，確實真的是太近了。

位於台南五條港水仙宮市場，號稱最古老的，擁有三百多年歷史的市場，據說日本人在廟埕裡便設有長樂市場，直到民國四十八年方設置於現址。水仙宮市場的水果、魚蝦亦說不出來的豐富，而且有好幾攤的主人，年事已高，多半是享清福的八、九十歲高齡。他們雖處於銀髮族的頂端，但還是生龍活虎，手腳俐落的很，殺魚、剁肉這種耗力的差

淺草青春新天地

事，對他們來說，好像絲毫不費吹灰之力。

市場裡的魚多半來自安平漁港，養殖的虱目魚、活蝦，則來自沿海的魚塭。亦有少數是澎湖來的魚貨。由於歷史悠久，市場裡也還能看到木造老屋，與這些攤位並存著。在承載歷史軌跡的市場裡走逛買菜，的確別有另一番境地。當地人以為的稀鬆平常，但在我眼裡，卻處處是古蹟與文風，市場裡的早餐店或小冷飲店，還有上個時代留下來的習慣。這裡你可以看到台灣很早期的冰果店景況，只是裡頭小咖啡圓桌旁坐的多半都是上了年紀的老婦人，她們買菜買累了，就坐在這裡，點一杯紅茶或果汁，用七百五十毫升的透明玻璃杯裝的那種，上頭還插了細細長長的吸管。

現做的壽司店，小而美，很多主婦都是來這裡先預訂了幾盒再去買菜，以便返家前取貨。在這裡也可以看到整桶做好的糯米腸，用尚青的豬大腸灌的，剛煮熟，正待價而沽。偌大的急速低溫冷凍的鯊魚，堆得像山一樣高。傳統餅店，剛出爐鳳梨酥、咖哩餃、椰子酥與碰餅，正一盤盤自烤爐中端出。水仙宮市場，各式各樣台南人的飲食風華，若仔細逛，也得花上好些時候才逛得完。

市場旁邊的神農街，依當地耆老說法，最早以前三郊總部便設立在這條街，環繞的是因應

神農街整排的舊洋房已成觀光景點

急速冷凍的鯊魚

而生的茶樓酒肆。如今當你走在這裡，依舊可見極具特色的二層老厝。這些木頭房子，雖經過整理，仍隱約可看見老式風味，當紅的藝旦愛上了沒錢的有為青年，一場老派約會深情款款拉開序幕，想來酒國的胭脂故事，多半催淚。走在神農街上，我傾心於它的木格子窗框與門框，配合閃爍燈光及復古的燈籠，我懷念起舊時代下的紅燈綠酒、夜夜笙歌與其背後悲傷無奈、賺人熱淚的愛情史詩。

終於回到兩市場之間的國華街。我將百年前藝旦與青年的情愫暫擱，回到現實逛著無數個令人食指大動的店攤——綿密的碗粿、浮水魚羹、蝦仁肉圓。這時你會想，天啊，可以像牛一樣擁有四個胃嗎？可不可以大犯規一次，全部吃過再回家？但回頭想到，人排的那麼長，離吃到美食還有得等，就覺得有點心灰意冷，雖然我沿路也已吃了不少東西，但現煮的美味當前，無論是試吃或是望梅止渴，都讓我感到人生著實空洞。

哀嘆之餘，漫步到一個蔥油餅的小攤。掌廚是名年輕人，我在側候著，注意到他每二到三秒就擀平麵皮，入鍋油炸。「好厲害的功夫啊！」我心裡讚嘆著。我想也許是他動作迅速，排隊的人消化得非常快，我重

八分熟的牛肉湯

台南有名的碰餅

新燃起對美食的盼望，趕緊列隊，只稍幾分鐘，就捧了個炸蔥油餅，並迫不及待咬下兩口。手指頭好燙，讓我數度中斷，得甩甩手才得以再度拿好。食物就是這樣，做好馬上品嘗是最棒的，幾口就能吃光光，我擦掉嘴上的油漬，繼續逛啊逛，想再找碗湯，如果這時候能以暖暖的湯作為總結，該有多好啊。我浮出這樣的念頭，便開始找尋喝湯地點。

看來望去，想到平日吃的牛肉麵，多半是進口冷凍牛肉，於是我決定把握機會，挑選了台南最道地的溫體牛肉湯。

「老闆，我要一碗大碗的牛肉湯，大碗的喔！」我攤開手掌，比出大的手勢，深怕老闆沒聽清楚，只給我小碗的。

「好！馬上來。」老闆取出深紅色的生牛肉，視覺上看彈性極好。右邊的爐火正熱，冒出縷縷輕煙，蒸氣中，老闆拿出一把閃亮主廚刀，敏捷地切著肉片。沒多久，薄薄的肉片已切好，經過磅秤，老闆將肉片放進湯碗裡。

緊接著，大勺子舀了一大匙牛骨清湯，像瀑布般落下。最後，薑絲收尾。牛肉表面熟透，但內部仍悄悄矜持，只是在端來給我的途中，終於卸下心房。

「哇！好燙！」

「哇！肉好軟！」

「哇！湯汁好鮮！」

「哇！真的好好吃喔。」

我每吃一口，就喊一句。溫體的就是不一樣，因為沒有冷凍過，沒有經過長時間保存，所以，就是輕碰起來，也如同徹底放鬆地攤在懶人骨沙發裡，鮮嫩、甜美到不行。

我的媽啊！太飽了啦。我已經沒辦法再很有氣質地去喝杯巷子裡的咖啡加甜點了，可是好滿足啊，我敢說沒人像我來台南只逛市場的啦。只是也該為今天的餐點畫下句點，向台南市場揮別了。午後，我踏著疲憊的步伐離開。府城，有數百年的味道，每來一趟，都像在尋根，但也往往身陷美食的誘惑中，無法自拔。我帶著甜蜜蜜的味蕾走著，腦海裡還有米糕、虱目魚、肉羹、咖哩餃、鳳梨酥的美好。今天這樣一吃，我看我得休息好幾天了。

一旁牛肉熱湯滾著，蒸氣裊裊

FOLLOW ME
路得帶路逛市場

台南 東菜市

東菜市算是台灣第一個無菸市場，在日本統治初期便成立，至今也有百年。市場的最外面，是八寶冰店，在炎熱的天氣下，生意非常好，一鍋鍋現煮的粉圓、愛玉、仙草、粉粿、紅豆、芋頭等，加入大把細細綿綿的剉清冰。

▲市場裡的豬肉攤

▲市場裡的炸物攤

▲台南東菜市到了

如何抵達 東菜市位於台南車站南方約 800 公尺處。最快的方式是走北門路一段接興華街就是市場了，步行只需 10 分鐘。或者，同樣走北門路一段，右轉民族路二段，再左轉萬昌街，接興華街，步行同樣約 10 分鐘。另外，若是以車代步，則可直行北門路一段，接青年路，即達市場。車程約需 11 分鐘。

・台南東菜市

東菜市裡的陽春麵店，是街坊鄰居大夥都知道的一間店。來這裡用餐，得等上一會兒。但可別小看這裡的餛飩，一顆顆好大一個。保證吃了回味無窮。

▲老婆婆雖然年事已高，但仍熟練地包著水餃

市場內部還有間歷史悠久的餅鋪，販售各種府城有名的糕仔餅——鹽味、烏梅、綠豆、杏仁等。小工廠就在後頭趕工製作最精緻品質的糕餅。

▲府城有名的糕餅

東菜市的最深處，有間開了數十年老店的炸物小販。攤位非常之小。他們家炸物現炸，最有名的是以碎肉、蔬菜包裹魚漿的龍鳳腿。此外，還有炸四季豆或牛蒡絲。

▲賣龍鳳腿的老闆夫婦

▲熟食攤的老闆娘

▲這間陽春麵攤生意應接不暇

▲因為生意太好，一次都得煮上好幾碗

▲新鮮的漁獲

▲內餡與包好的餛飩

▲蒜炒螺肉

▲這裡有現煎鮮魚，燒燒的，直接讓你帶回家加菜

台南・西門市場與淺草新天地

大戰過後，傳統的零售市場改為西門市場，卻逐漸沒落。我前去探訪時，感覺裡面有點凋零，只剩下些傳統布行，販售紅色、綠色、藍色、紫色等一綑綑色彩鮮豔的布料，或懸著古舊且有點掉漆的西服店招牌。

▲新天地的創意小店

▲市場內的招牌美食店

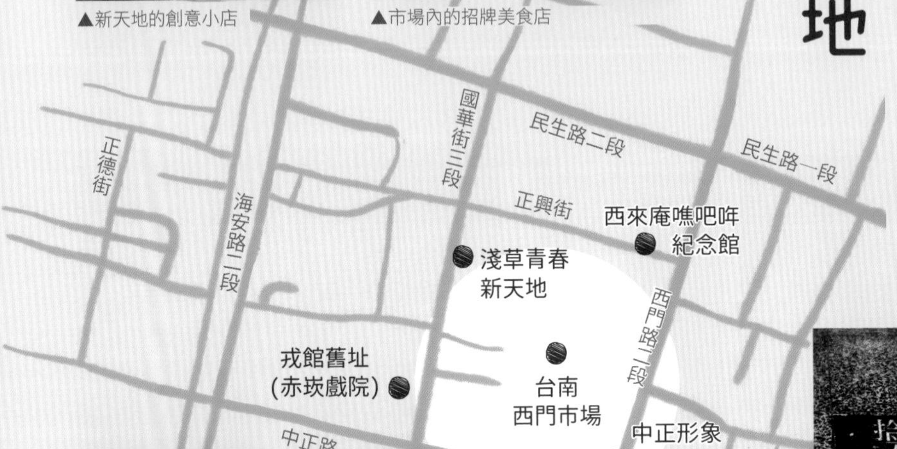

▲西市場的地磚

▲這個招牌說明了市場的年歲

▲西門市場布料店

如何抵達 若欲抵達西門市場，有二條路可以選擇，一是可經由台南車站出發，途經中山路，經圓環走民生路一段，再左轉西門路二段，即可抵達市場。步行約需 22 分鐘。

另一條路，則同樣由車站出發，直行中山路，經圓環走中正路，右轉西門路二段，即達市場。步行同樣約需 22 分鐘。

・至今這些古早味濃厚的店家仍持續經營著

新天地在假日時分相當熱鬧，是年輕人聚集逛街的好地方。除了飲品小吃與流行潮店外，也能看到文創用品與精緻碗盤。

▲新天地販售文創用品與精緻碗盤

大戰過後，傳統的零售市場改為西門市場，目前只剩些傳統布行，販售一綑綑色彩鮮豔的各種材質布料，或懸著古舊且有點掉漆的西服店招牌。

▲西市場裡面有許多布行

從西市場往國華街的巷口出去，即到達淺草新天地。這巷口的店鋪，多因應轉變，改搭文青風，銷售經典細緻的咖啡極品。

▲西市場靠近淺草新天地的店鋪改為咖啡小吃店

\ 市場旁小 Tips /

淺草青春新天地

淺草青春新天地位於國華街三段，自日治昭和時期，西市場的規模便再添一處「淺草」，以販售日用品為主。政府看到西市場商機大好，便於「淺草商場」增添一股新力量，構成一個現代化的百貨日常用品市場，使西市場的商業色彩更加濃烈，連同周遭銀座、盛場皆一氣呵成。

終戰後，「淺草商場」改為西門市場，曾繁華一時，爾後一度轉趨冷清，直至市府重建計畫而重新出發為「西門淺草青春新天地」，與西市場相比鄰。除了常態性店面，更增設了創意手作市集，透過各種行銷活動聚集人氣及買氣，為「西門淺草青春新天地」持續注入創意與商機。

Ⓒ **生活用品區**（日用品、百貨）Ⓓ **熟食區**（炸物、醃漬食品等）Ⓕ **其他**（甜點、飲品類）

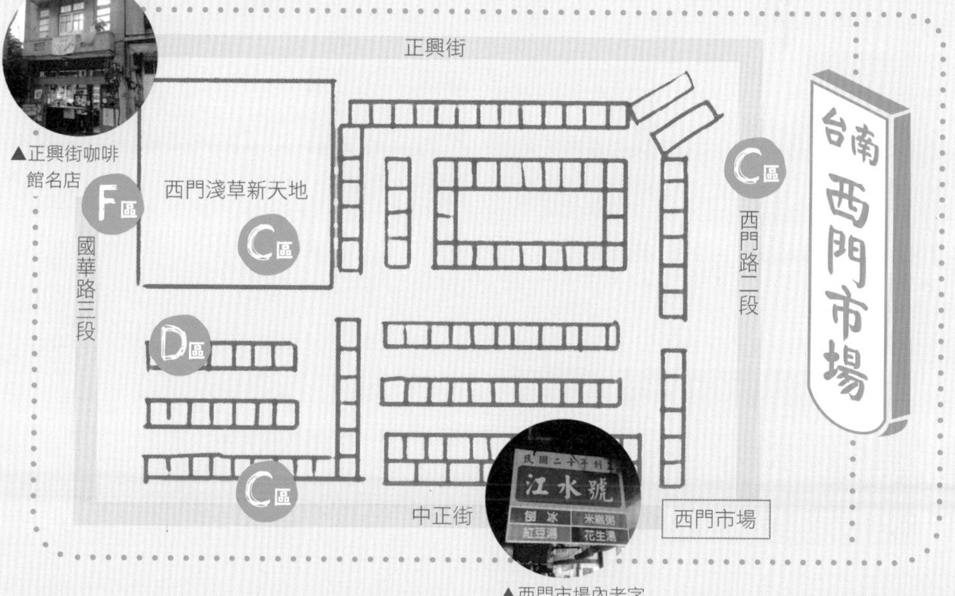

▲正興街咖啡館名店

▲西門市場內老字號小吃店

FOLLOW ME
路得帶路逛市場

台南 水仙宮市場

位於台南五條港水仙宮市場，號稱最古老的，擁有三百多年歷史的市場，據說日本人在廟埕裡便設有長樂市場，直到民國四十八年方設置於現址。

\市場旁小 Tips/

水仙宮與三郊

位於水仙宮市場旁的水仙宮，屬於市定古蹟。該廟所在之地過去是台灣府城五條港之一的南勢港，為「三郊」總部所在地，「三郊」分別為北郊、南郊及糖郊，而「郊」則是同質性的商號串聯同盟，建構而成的貿易集團經濟組織。

水仙宮創廟於清康熙 23 年（1684），由在地商人集資創建祭奉水仙王之廟，初時是僅以茅頂竹柱築造的簡易小廟，至乾隆 6 年（1741），陳逢春等商人重修廟宇，並填平南勢港道作為廟埕，獻「萬水朝宗」匾；嘉慶元年（1796），三郊大舉修葺水仙宮，在此時設立廟北十三間商鋪，作為處理郊務之總部。

▲如今神農街的店家多作文創使用

▶台南的巷弄常有驚奇，四處是古蹟

▲一百年前這裡是夜夜笙歌之地

▲百年市場仍是台南人的最愛

▲台南人的糕點

▲水仙宮市場裡四處是古意建築

如何抵達 水仙宮市場在永樂市場西南方 280 公尺處，海安路二段，只需步行 3 分鐘就會看到市場。若是從車站出發，有三條路可經達。一條直行中山路，右轉民權路二段，直走即達。路程約 23 分鐘。第二條路則同樣直行中山路，接民族路二段，經西門圓環繼續直走，接海安路二段，直走即達。

・這裡是三百多年的水仙宮市場

市場內的豬肉攤，來訪的皆是熟客，像是一輩子的好朋友。這位高齡的老闆，手腳俐落地很。剁肉、分肉，這種耗力的差事，好像絲毫不費吹灰之力。

▲高齡的豬肉販，秉持尚青的豬肉品質

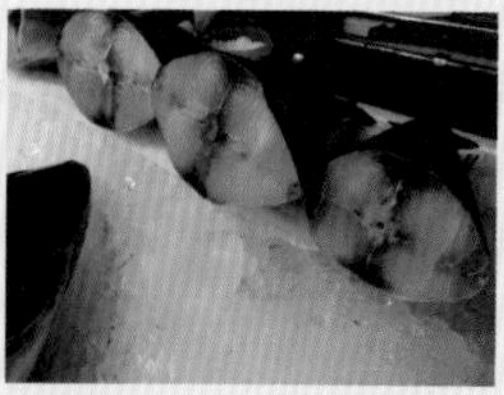

水仙宮的漁產，也相當精采。從澎湖、高雄或安平來的海鮮，各個生龍活虎。像這澎湖的土魠魚，油脂平滑，色澤鮮明，一看就是上等好貨。

▲ 從澎湖來的土魠魚

從雲嘉地區、附近果園運來的水果，鮮甜飽滿。老闆娘雖略為靦腆，但也親切愉快地介紹她的水果。

▲水仙宮市場內的水果攤販

水仙宮裡的熟食店，賣著正港府城現做的油飯米糕、芋粿、三色蛋與滷味等。香噴噴的滷肉香味，混在整盤糯米飯裡，令人食指大動。

▲台南手工米糕與小吃

這攤魚攤位於市場角落，陣仗相當大，不僅魚的數量多，魚種亦很驚人，新鮮度自然不在話下。就連工作人員更是不少，各個幾乎忙得抬不起頭來。

▲深海魚，你能感受到牠們的生猛活躍

▲老屋雖經過整理，仍保留老派風味

▲像展示品的新鮮時蔬

▲市場裡現做的壽司店

▲豬肉與各式肉刀

▲從安平漁港來的鮮魚，大夥忙得不得了

FOLLOW ME
路得帶路逛市場

台南永樂市場

市場裡的魚多半來自安平漁港，養殖的虱目魚、活蝦，則來自沿海的魚塭。亦有少數是澎湖來的魚貨。由於歷史悠久，市場裡也還能看到木造老屋，與這些攤位並存著。在承載歷史軌跡的市場裡走逛買菜，的確別有另一番境地。

▲切好的牛肉進行秤重，每碗牛肉重量皆一致

▼永樂市場旁的美食街

▲牛肉放入碗裡，再淋上滾滾熱湯

市場旁小 Tips

每到假日，如鯽的遊客覓食在台南府城各商圈的排隊店，尤其在正興街西市場、國華街永樂市場等附近一帶，有時也不得不圍起徒步區，讓行人有更安全的空間，不過說到真正的府城街廓表情，反而不是筆直的大馬路，曲折不見底細的巷弄才算王道。在其間追逐或散步，永遠不知道會撞見什麼，未踏入前也許有些遲疑，想像可能迷路，不過這正是誘人的地方。如果說大馬路是車流快速的現代感，可以滿足大量消費的遊客，那麼穿梭在密布的巷弄中，才算是真正體感幾個世紀來台南人與府城文化所積累的況味，是一種時間的皺褶。

▲ 1905 年台南西門外的市場市況，如今已成為觀光客走訪的街區

到府城喝咖啡，不一定得到大學或古蹟旁，這裡的咖啡攤位，亦提供不少難得的好味道，值得嘗嘗。

▲國華街之咖啡攤位

台南遠近馳名的溫體牛肉湯，是將切好的薄薄肉片放進湯碗，再淋上一大匙牛骨清湯，最後，以薑絲收尾。透著粉紅光的牛肉湯於焉登場。

▲府城有名的現宰牛肉店

掌廚是名年輕人，他平均花二至三秒就擀平麵皮，入鍋油炸。再加上一顆蛋，吃到嘴裡時，燙口十足，不愧是炸蛋的威力。

▲永樂市場旁的炸蛋蔥油餅

▲八分熟的牛肉湯

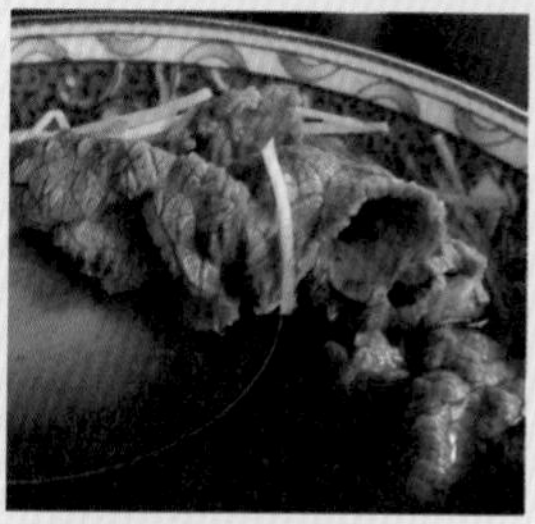

▲牛肉呈玫瑰紅色

▲老闆正切著溫體牛肉

如何抵達 永樂市場位在國華街三段。台南車站以西約 1.5 公里處，只要走成功路，往西直行左轉接西門路二段，找到慈聖街那條小巷子，即可抵達國華街三段。或是自車站直行中山路，接民族路二段，經西門圓環即達。步行約 20 分鐘。另外，同樣可直行中山路，接民權路二段、三段，右轉國華街三段，直走即達。步行約 23 分鐘。

・永樂市場的國華街有許多著名餐飲

台南

鴨母寮市場

Tainan

中南

古澗溪旁的鴨母寮

「那是『吻完』。」

「吻完？」

「這佇阮台南嘛快要失傳了內！」

鴨母寮是我到台南旅行時常來探索食材或料理的地方。

考察府城都市演變時，發現舊地圖上有條蜿蜒市區的古澗溪。數百年來，它看著府城人一代又一代成長、婚嫁，歷經戰火與改革，但現在卻不見蹤跡。原來它已沒入地底，被柏油囚禁，成為大家遺忘的河道。當然，若是有心，高低起伏的街廓地形，牆角被保留下來的破損殘跡，仍可尋覓當年曾經繁華的蛛絲馬跡。

這條古澗溪，名為德慶溪。它源於東區崙仔頂，在今日遠東百貨前迎接流經吳園的枋溪，據說吳園園區內池塘還是當年德慶溪之碼頭。它經民族路向西漫流，通過禾寮港遺址，由中成路轉入成功路。民國二十四年此路口興建明治舊橋，德慶溪在此改成彎流往北行，繞過鴨母寮市場後方的裕民街與忠義路一帶水塘，最後注入鹽水溪，由台江出海。

若對照鴨母寮歷史，一六六四年鄭經在府城設了東安枋、西定枋、寧南枋、鎮北坊，鴨母寮便屬於集台南古蹟之最的鎮北坊。當鄭氏軍隊準備攻下荷蘭人的赤崁之時，便紮營在尖山（今裕民街上），爾後逐漸形成市集。一百多年前，因為德慶溪在這裡改成曲折河道，附近大水池便聚集諸多養鴨人家，遂成了賣鴨與鴨蛋最集中之處。明治年間，設明

鴨母寮市場招牌

治市場，國民政府來台後改名為光復市場，直到二〇〇七年，又易名為鴨母寮市場，鴨母寮的名稱正式登場。

在這裡，常能吃到讓人流連忘返的料理，我也總期待每回在市場裡看到不同食材新鮮姿態的展現。拍照當日，市場裡熱鬧的很，我很努力地穿越馬路，避免被左右夾攻的機車撞到；摀著口鼻，避開機車油煙，再側身擠過男男女女。我從裕民街三十四巷開始漫步。

雖然名為三十四巷，但道路畫上雙黃線，寬度至少八米以上。入口兩排多為生活百貨區、十元用品店，大部分食材在裕民街與搭建的市場內部。我在裕民街左轉，反而覺得這條街狹小，最多只有六米寬。如果你會使用Google街景服務，那麼你會發現，谷歌團隊連市場這頭的裕民街，都無法進去拍攝。

但即使如此，街道裡頭可十分精彩。剛出爐的傳統大餅，不用等到逢年過節，就有滾花邊的椰子口味，酥皮的土鳳梨酥，千層餅皮的綠豆碰等；以及一籃籃堆疊的青菜，當令的茭白筍、蓮子、蓮藕等。

旁邊是非常壯觀的粉圓菜燕攤，粉圓一包包放好，菜燕全部切成菱形，排成大大的長方形，彷彿數學課本裡計算面積的考題。「十摳、十

市場內一隅

摳，一包攏十摳就好。」年輕的工作人員對上前挑選的媽媽們說著。相機拍了幾張，正隨意將鏡頭移到旁邊時，看到一個迷你小攤，老闆是個看來老實的中年男子，正幫一位老阿桑挑選青色的芒果。芒果乃台南新鮮土產，由夫婦倆一起賣著，剛開始先生知道我要幫他們拍照，還不太自然，但後來反而是太太笑得合不攏嘴，直跟我道謝。

醬味碗粿，在隔壁。歐吉桑就只賣這味。

「這碗粿看來綿綿綿，可是為什麼這碗粿的顏色較深呢？」我看著放在木板桌上的碗粿。

「當然有阮祖傳的祕方啊。啊擱放些淡薄啊豆油肉燥，色就ㄟ卡深。我賣就久啊內，有夠好吃ㄟ啦。」

高級水果鋪——水蜜桃、扁桃、華盛頓蘋果，但也兼賣桂竹筍、鹹菜與富彈性的野生黑木耳。青菜攤——青脆葉菜類，還有竹笙、香菇與猴頭菇。我再往前走，來到一間賣內衣的小攤，攤前擺了迥然不同的產品。我停了下來，蹲著看，那是兩隻完整又厚實肥美的螃蟹。「昨暝跑來阮兜ㄟ內。阮兜住佇七股啦。昨暝柱柱好看到這二隻爬進來。我就講，但幾勒喔，緊抓起來，正野生ㄟ內，肉就甜。」

市場有些古厝，多已改建成洋房，唯有幾間仍保留著老屋與稻埕。賣著大尾草蝦的老闆與我說著古厝的典故，說當初這裡整排都是古厝，但他們都拆掉重建，只有這幾間仍屹立不搖，傳了幾代，都不改建。古厝前有賣蘆筍與火龍果的，也有賣香腸熟肉。香腸熟肉店老闆早已習慣被報導，完全可以在鏡頭前自在，他的推車中間有個凹陷進去的油鍋，周圍擺著各式切仔料——魚卵、大腸、粉腸、紅糟肉、小卷、八寶丸、豬肺、脆腸等。

我特別對其中一項熟肉感興趣，「請問這是什麼？」我指著放在三色蛋上頭，黃色表皮，內含類似像粉紅色果凍的食物。

「那是『吻完』。」老闆用「台語」回答我。

我頭頂有三隻烏鴉飛過去，「吻完？」

「啊，這你可能無知影啦。這佇阮台南嘛快要失傳了內。」旁邊站著一名雍容華貴的老婦人，她氣定神閒地說著。「卡早是包蟳仔肉。」

「今嘛無啊啦。」老闆緊接著回答。

「嘿呀！」老婦人接著說，「今嘛攏包肉漿。」

「這是古早味。今嘛ㄟ人卡無知。」老闆已將老婦人點的熟肉切好，裝入透明盒子裡。

我終於搞清楚了，這不是什麼台語的「吻完」，是難得一見的府城傳統料理「蟳丸」。「蟳」的台語發音豈不跟「吻」的發音很像？這用肉漿、荸薺、雞蛋、豆薯等混合製成，表

菜燕、湯圓、粉圓與愛玉

幾乎快失傳的蟳糕

皮再佐以鴨蛋黃及辛香料的，正是「蟳丸」。

香腸熟肉店對面，也是個熟食小攤車。那位太太賣著紅燒鯽魚、辣小卷、醃蘿蔔、乾扁丁香等，每樣都顯得入味三分。

巷裡的炭火麵，是網路瘋傳的台南必吃。店的入口不大，但走進卻有讓人眼睛為之一亮的感覺；這裡大概也是觀光客最愛打卡的府城老店。雖然有了名氣，但也多少受了些不必要的打擾，因此據說老闆娘不太喜歡拍照。不過說真的，我還蠻喜歡這間店，因為即使光環罩頂，所有的東西都維持與以往相同，桌子、椅子、碗公、麵條、爐子與炭火，連牆壁、地板都保持原樣。這樣的動作其實很貼心，它讓每個老顧客都感到無比放心，即使外在的掌聲不斷，都沒有改變過他們一貫的心思與料理。

「來，偶用火炭火厚你拍。」當我拿著相機走進時，老闆娘兩手將大鍋鼎抬起。

「看到沒？火當豔內。」

「厚，就燒ㄟ，偶要放下去啊喔。來，你要吃啥米？」

市場內部的魚貨也不少，往往讓身為港都人的我開了眼界。當府城

這位魚販非常認真地
將虱目魚肚去刺

許多顧客上門來買
香腸熟肉

被大夥冠上古蹟、古都、巷弄小吃、傳統技藝食品等名號，你肯定會與我相同，每次都會對大批大批發亮晶瑩的海產吃驚不已。

「頭家娘，恁ㄟ魚仔是叨位來ㄟ？」

「安平啊，阮攏去安平抓ㄟ啊。」

下一攤，我又問了相同的問題。

「前鎮啦！」原來也有從高雄運到這裡的海鮮呢。「啊就有熟啦！價錢卡軟啦！」

於是乎，我逛著一攤又一攤的海鮮。

赤鰭笛鯛、香魚、肉質魚，這位魚販正剝著蝦仁。

海產太太，有著一臉盆的橢圓形大鮮蚵，冰上平鋪著如同阿兵哥列隊般，去殼的白蝦、切薄片的鯧魚；黃魚、紅新娘、赤宗、秋刀魚等。

年輕的魚販，展示著超大隻的馬頭魚、稀少的鼠斑、紅鮢鯧魚等。

還有個魚攤老闆十足古道熱腸，他先拿起皮刀魚秀給我，隨後告訴我，「來，我切黑鮪魚厚你看。」

之後他從下面抽出一把西瓜刀，從暗紅色細條紋的鮪魚肉上切了一片，再換刀，魚肉是切下來了，但魚皮仍緊緊連著。這回他換把像皮刀魚形狀般深沉的大魚刀，用力敲了兩下，魚皮就此切斷。

螺旋紋路的黑鮪魚，驕傲的躺平。魚攤老闆也自信的開懷笑起來。

除了魚隻，豬肉的表現也不容小覷。現分豬肉有的掛起、有的擺著。肉販老闆切著豬油塊，半開玩笑地說：「拍肉、拍肉。不要拍我喔，我可不想被人找到呢。」

市場最後，還有間波蘿蜜小販。爽朗的小販阿姨邊使力剝著果肉，邊招呼著客人。看到我走來，對我微微笑說，「你看，早上才從我家後院摘下來的，樹梗枝頭還留著黏黏的白膠。這是籽，控排骨有夠好吃，啊這黃色的果肉，擱甜擱Q，吃看麥，不要客氣內。」

這條在我腳底下形成暗渠的德慶溪，雖早已沒了潺潺溪流聲，道路規劃隱匿了她的美妙聲音，禁錮了她流過的蹤跡，但她過去在府城市區裡曾走過的婀娜身影，卻造就了這座鴨母寮市場。每次我到台南，辦事也好，訪友也好，總習慣到這裡買些點心解饞；知名的餅鋪、煙燻滷味、現炸點心坊等，以及一間又一間的小吃餐飲店。的確，這些都餵飽了大家的口腹，但我卻覺得，走在市場巷弄裡，別有一番享受。潮溼的地上，當你認真地聽，或許還可聽到那德慶溪低吟的歌聲；當你認真聞，應該也能聞到養鴨人家煮著鹹菜鴨、冬粉鴨等熟悉的味道。迷濛意境中，是水塘旁的一大群白鴨，牠們數量又多又密，彼此沒什麼空隙，各個正搖擺著尾巴，呱呱呱叫著，或覓食、或喝水、或散步。

這裡是，鴨母寮市場。

FOLLOW ME
路得帶路逛市場

台南 鴨母寮市場

市場有些古厝，多已改建成洋房，唯有幾間仍保留著老屋與稻埕。賣著大尾草蝦的老闆與我説著古厝的典故，説當初這裡整排都是古厝，但他們都拆掉重建，只有這幾間仍屹立不搖，傳了幾代，都不改建。

▲摻了醬味的碗粿

▼這間小農位在一間保留晒穀埕的老厝前

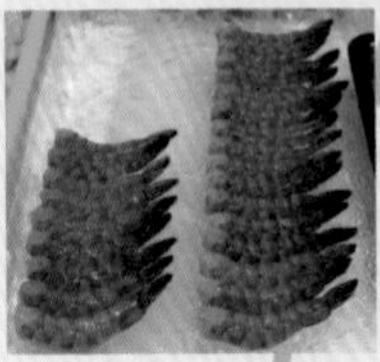
▲排列整齊以去殼的蝦子

▲年輕魚販先生的魚每隻都很高級

▲這裡是鴨母寮市場，擠滿了買菜的人們

▲市場內的攤販

如何抵達 鴨母寮市場位於成功路，自台南車站出來後走正前方之成功路，步行約 800 公尺就是鴨母寮市場。這裡離車站相當近，占地面積廣大，從成功路鴨母寮市場招牌以北，裕民街、裕民街 34 巷，以及成功路 220 巷往西到長北街為止。巷子兩旁全部都是各類食材攤位。

．鴨母寮市場街景

市場內有名的炭火麵，即使光環罩頂，所有的東西均維持與以往相同。桌子、椅子、爐子、炭火；牆壁、地板都一樣。碗公裡的麵條，更是秉持傳統的古老滋味。

▲市場內用炭火煮的麵攤

這家老闆娘親和力十足，她告訴我，這波蘿蜜可是早上才從家中後院摘下來的，樹梗枝頭尚留有黏黏的白膠。波蘿蜜籽，可用來熬煮排骨，清香可口。

▲賣波蘿蜜的老闆娘

偌大的黑鮪魚，分肉時也得用上好幾把刀。這家魚販老闆剛從漁港帶回上等的黑鮪魚，油脂紋路均勻分配，肥美的不得了。他看到我，馬上露幾手切黑鮪魚的功夫。

▲ 這攤魚販老闆秀出好幾把刀切黑鮪魚

老鼠斑為石斑魚一種。嘴巴偏尖，有凹陷的圓弧。身體是奶油色，布以黑色斑點，主要生長在澎湖馬公一帶，口感勝於一般石斑魚，市場上較不常見，屬於極品。

▲難得出現的老鼠斑

市場內有家豬肉攤，賣的是從美濃來的黑毛豬。黑毛豬的肉質紅潤具光澤，吃起來沒有豬腥味，鮮嫩不膩，故價格會比一般白豬略高。

▲從美濃來的黑毛豬

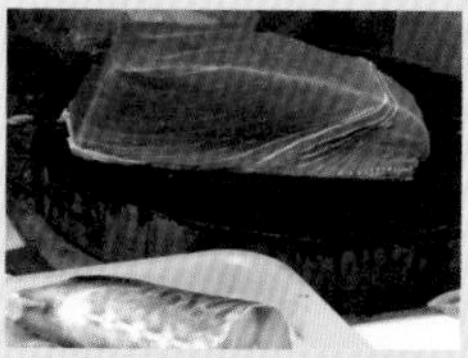

▲最高級的黑鮪魚

▲銀亮的皮刀魚

▲桂竹筍與酸菜

▲香腸熟肉店

高雄
茄萣區興達港漁市
Kaohsiung

南

茄萣仔的漁港

這些船隻正等候下一次視野無遮、
萬里無雲時的乘風破浪，
前去捕捉海上的寶藏，帶給陸地上的人們……

高雄進入二月天，寒色蕭蕭。我縮手縮腳，全身包得像肉粽，此時的我很認真地研讀地圖，我想做一件事，與尋常不一樣的事。多年前曾在興達港的某廠區工作過一段時間，不過那時上下班都是乘坐同事的車去；今天，心情說不上好與壞，但就是想挑戰自己。我決定以騎機車方式隻身去趟興達港。

但是，很冷耶。春日前的冬末，寒透了大地，可能還會下點細絲般的冬雨，也許有人覺得這真是自找麻煩，也或許有人認為你該不會是吃飽撐著沒事做吧，怎會想騎機車到那裡，來回就要六十公里呢。但其實，這問題也不難回答。很多事你會選擇去做，常具有它精神上的意義，那深層的意涵，只有你懂；有時它會帶來痊癒，有時是加添勇氣，多數時卻是串連了過去某個未完成的信念。所以，就算很難解釋清楚，只要心裡有確據，就該放手去做。

正是這樣，我出發了。漫長路途對一部輕型機車而言，還真的有點遠。經過了左營舊城，走軍校路，過右昌、援中港，我在台十七線繼續挺進，路標寫著梓官、彌陀。不久，我在永安區花海前停了下來，已經在冷風中保持同姿勢騎了一個多小時，現在的我不僅腰酸背痛，寒意還

興達港的船隻

從骨子裡竄出。我在路旁，全身顫抖著，在整片波斯菊花圃前，不畏目光地跳著腳，做著瑜珈伸展運動。待恢復體力後，我轉動機車鑰匙，再次啟程。

興達港隸屬高雄市茄萣區。茄萣，位於高雄的最西北地帶，當地人都以台語發音稱作「茄萣仔」，尾聲會稍稍上揚，帶點海港的口音，其名稱來自此區海邊紅樹林樹種中的海茄苳。雖說行政區上劃分為高雄市，但因茄萣與台南也只有二仁溪之隔，越過溪水，便是台南灣裡。河岸兩邊可謂是與產業文化、求學就業皆息息相關的地區，數十年來更因整治二仁溪這個議題上，志工、作家、環保團體極力呼聲搶救，茄萣與灣裡可說是卯足了勁，頻頻登上新聞版面。

興達港剛好位在茄萣的南方漁港，影響算是較輕的。早期這裡是擁有廣闊內海的潟湖港，因泥沙淤積，為解決漁民生活，利於船隻作業與發展近海漁業，分擔高雄港的吞吐量，而在六〇年代動工興建，原命名「新打港」，而後更名為「興達港」。每年冬季南下洄游的烏魚，因抵達茄萣海域時是其長得最肥美之時，故在興達港捕獲製作的烏魚子也是母烏成熟度最好、數量最多的，堪稱台灣的「烏魚大港」，於是此區的討

觀光漁市的小吃類選擇相當多

捕魚用的工具在此一覽無遺

海人都稱烏魚是他們的恩情人。不只是烏魚，這裡的魚市場拍賣的魚種依不同的季節尚有鐵甲、肉魚、白帶、午仔魚、馬加、厚殼蝦等，每年的四至六月為其魚貨淡季。除了漁港，村落附近亦有多數鹽田與魚塭，養殖虱目魚、白蝦等經濟漁產。

一位魚塭主人告訴我，虱目魚呈銀白色、圓鱗，是台灣非常重要的養殖魚種，用的是海水養殖，每年的五至十一月是盛產期。虱目魚怕冷，每逢寒流來襲，是牠們最難熬的季節，常有小魚暴斃凍死。進行打撈作業前兩小時，會以刺網來回使魚群受驚嚇，進行脫糞消肚，之後要好幾個人合力將刺網提上岸，適合大小的會卡在網目中，打撈上來的虱目魚，再一簍簍鋪以碎冰送到市場。

「那你們都怎麼吃虱目魚呢？」我問眼前這位美麗的魚塭主人。她其實是位老師，這片魚塭從父祖輩便開始養殖，後來由教育界的父母退休後經手，目前她是第三代。

「一般外面不都是煮鳳梨豆醬、油煎，或用薑絲煮湯？」她仔細想了想後回答我。「但我們家從小就吃煲湯的，跟當歸、黃耆、枸杞、紅棗等中藥材一起燉煮，起鍋前加點米酒。」

茄萣區的魚塭主要飼養虱目魚為主

「真的？」我瞪大眼睛地說。「我小時候也吃過我母親這樣燉煮呢！但現在外面幾乎都沒看過這道料理，像是失傳了般。」

「就是說啊！」老師亦心有戚戚焉。「但真的很好吃對不對？」

為配合當地船隻進港時間，漁市場拍賣時間訂於中午，觀光漁市則在傍晚時開始營業，我的機車到達時已是晚霞滿天的黃昏，從機車上下來，雙腳快發軟。興達港觀光漁市，在大發路上，你得從台十七線轉民生路，再轉民有路，就能看到停靠漁船的港口與人潮如織線般的漁市。

港口邊，最享譽國際的一間店，是郭常喜打鐵鋪。據說電影《臥虎藏龍》裡的刀具，都出自於這位首屆一指的鑄劍師之手。舉凡一般廚房用刀、菜刀、剁刀、水果刀；專業用刀如肉刀、魚刀，還是藝術刀劍如獵刀、廓爾喀彎刀，這裡可說是集刀劍之大宗。

漁市由七彩飛揚的棚架搭起，走道相當寬闊，兩旁攤販販售以炸物與熟食居多，夾雜鮮魚攤，擺著土魠、鎖管、三點蟹、蛤蜊、白鯧或石斑等海產。乾貨類別也挺多，有扁魚干、香魚乾、蝦米、干貝、丁香，還有風乾的一夜竿、醃製的挪威鯖魚、煙仔平等

漁市入口處，就能看到香酥魷魚的布條。這類的油炸海鮮，興達港

漁市似乎特別豐富，幾乎三至五步就一間，賣的都是這裡的特產。炸物都是事先做好的，要點的時候只要夾進籃子裡，店家會幫你稍微熱一下，就能馬上現吃了。魷魚鬚、小螃蟹、魚捲、黑輪、魚卵、花枝丸、炸丁香，各個應有盡有；連可麗餅、薯條都可覓得蹤跡。較具特色的應是大尾的紅色泰國蝦、點點花斑的蟹螯、一串串用竹籤串起的烏魚子以及烏魚腱。

興達港的虱目魚丸攤，因靠近魚塭產地，食材可說是非常新鮮味美的。一個個碩大湯鍋，一顆顆圓潤雪白色丸子，漂浮在大鍋中，遠看像是層層煙霧裡，飄在海上的大型珍珠。一斤還很親民價，只要新台幣六十元，口味上另加了芹菜、九層塔等變化。

熟食攤，人潮最多的是蚵仔煎。長方形的平底鍋，工作人員一份一份煎著，左邊翻面煎的，右邊倒入麵糊，放進牡蠣、打蛋、白菜與豆芽菜殿後。「來了，來了。」當工作人員鏟起煎好的蚵仔煎，淋上醬汁，遞給後端外場，你能清晰聽見蚵仔煎上菜的聲音，接下來就會有人能嘗到剛剛離鍋、燙口又海味濃郁的佳餚。一旁的熟食鮮蚵麵線、魩仔魚麵線、旗魚黑輪攤，前面也都排了等候已久的客人。若要來盒生魚片，在

大鍋現煮魚丸湯

現炸大蝦

帶殼的鮮蚵用以炭烤風味十足

這兒準沒錯；切得厚厚的鮪魚、旗魚、鮭魚綜合魚片，正一盒盒整齊地擺在冰箱裡，裡面還附有清甜的白蘿蔔絲。

漁市後邊有代客烹煮的攤販，老闆娘正以蒜頭薑絲炒著大蝦，下米酒調味。角落一隅有鍋烘烤鳳螺，煉出鳳螺最基本的鮮味，點的客人也相當多。隔壁的小吃店家，一包包切好的魚肉和魚頭，冰鎮得很好，任你挑選。看要如何料理，煮湯、清蒸、豆瓣，只要你喜歡就好。

我從市場漫步到港邊，巨大的暖陽像畫布一樣鋪在天邊。港灣裡停擺的是一艘艘休憩的彩繪漁船，甲板上則放著捕魚用小旗竿、漁具、冰桶等物品。這些船隻正等候下一次視野無遮、萬里無雲時的乘風破浪，不管海況顛簸或平順，他們都將帶著一群討海人前去捕捉海上的寶藏，再將那一簍簍大自然的寶藏帶給陸地上的人們。此時幾隻白鷺鷥正準備飛翔歸家，附近漁民養的土狗沿著港邊嗅著味道，再慵懶地打著哈欠；而另一邊的觀光漁市，依舊是人來，人往。

鬧中帶靜的樸素漁村，是興達港的原始風貌。當太陽沒入海平面，冷峻海風灌入我背脊，我提醒自己該踏上回家路。「天哪！」我心中吶喊著，我還有三十公里的路要騎呢。

觀光漁市屬黃昏市場，常能看到興達港的夕陽

FOLLOW ME
路得帶路逛市場

高雄茄萣區 興達港漁市

漁市入口處，就能看到香酥魷魚的布條。這類的油炸海鮮，興達港漁市似乎特別豐富，幾乎三至五步就一間，賣的都是這裡的特產，只是以酥炸處理。所以這裡的觀光客幾乎都是人手一包。

▲丁香魚、扁魚，或蝦米、干貝等乾貨

▲這裡還有代客烹飪

▲假日時這裡常擠上人潮

▲停靠港邊的漁船

▲漁市入口的小吃攤

▲工作人員正將打撈上來的虱目魚做整理分級

▲昏黃的海上波光粼粼

如何抵達 興達港觀光漁市，若搭乘大眾運輸交通工具，並不容易。台南火車站有班公車能行駛到茄萣農會，但得花上一個多小時的車程。從大湖火車站亦有公車前往，紅 71A 就能抵達興達港漁市，但公車也需一個多小時車程。所以最快的方式，是自行前往，只要走台 17 線，方可抵達興達港。

・在興達港漁市就能看到出海的船隻

高雄 茄萣區興達港漁市

坐落在興達港觀光漁市的對面，是間享譽國際的打鐵鋪。舉凡一般廚房用刀、菜刀、剁刀、水果刀；專業用刀如肉刀、魚刀；還是藝術刀劍如獵刀、廓爾喀彎刀等皆有打製，這裡可說是集刀劍之大宗。

▲國際知名的打鐵鋪

興達港的魚丸也是特產之一。因鄰近魚塭，虱目魚丸的產量很大，當然也有現做花枝丸，味道一樣新鮮夠味，口感Q彈。

▲現做花枝丸

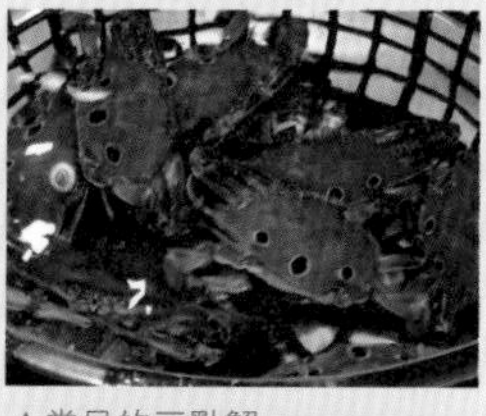

▲常見的三點蟹

興達港漁市的油炸海鮮特別豐富，幾乎每三到五步就一間。當然，以鮮蚵覆以蔬菜裹粉炸成的蚵嗲也是這裡的亮點之一。炸蚵嗲的小攤，多半也會搭配炸鹹粿，淋上醬油膏或辣醬，美味無比。

▲這裡還有蚵嗲與鹹粿

興達港的漁市，目前多以熟食、炸海鮮為主，穿插幾間乾貨攤與鮮魚攤。鮮魚則多半以土魠、鎖管、三點蟹、蛤蜊、白鯧或石斑為主。

▲興達港各類鮮魚

▲這間蚵仔煎得排隊才吃得到

這攤地瓜糖算是漁市內較與眾不同的小吃點心。也許如此，在吃完了各類炸海鮮後，來點甜如蜜的地瓜糖反而能平衡味覺，達到出其不意的效果。

▲熱騰騰的地瓜糖

興達港南鄰永安漁港與梓官蚵仔寮漁港，北有安平漁港。因此除了養殖漁業，每年的冬季，也是烏魚造訪的季節。目前台灣養殖烏魚的漁獲量也相當大，多用以做烏魚子與烏魚膘。下次到漁市時，別忘了品嘗這類海味料理。

▲烏魚子與烏魚腱

▲魚卵、薯條與黑輪

高雄

旗山公有市場

Kaohsiung

南方市場裡的巴洛克夫人

南

今日特餐

古早粿　　活魚六吃
海鮮辣味河粉　　旗山美人蕉
紅糟排骨飯

「往旗山的人客擱有無？來去旗山喔！擱有人要坐無？趕緊喔！車要開了！」運將大哥繫條藍色領帶，穿著制服，以熟練的台語往車外喊了兩次，見無人上車，他扭動了鑰匙，慢慢將車子駛離月台。

自高雄市政府規劃高捷旗美公車，往旗山只需四十分鐘車程，經過田陌小溪，滿片青翠農田與蕉園，方能抵達旗山。

旗山在荷蘭時期，陸續就有台灣西岸的平埔族往東遷移，沿著楠仔仙溪拓墾。因早期此地販售相當多的番薯，故舊稱為番薯寮。日治時代，旗山除了設立糖廠蔗田，因其山谷氣候與河床沙質地利於種植香蕉，故也種植大片蕉田以便輸往日本本島。五、六〇年代更是達到高峰，可謂之香蕉王國的黃金歲月。從旗山轉運站向東行是建於一九〇九年的旗山糖廠。若走大同街，則至中山路旗山老街，老街以廣義而言應可源於西元一九一三至一九一五年永平街的旗山車站，日治大正年間，這裡曾為台灣糖業旗尾線的鐵路車站。旗山車站的後頭，中山南街上，還有間歷史古蹟——旗山碾米廠。這個碾米廠設於昭和年間，是個全木造設計的廠房，當年由日本技師執手設計，除了碾米用途，也有穀倉與事務所的功能。

老街在清晨時分，其實也是個市場，但走到市場建築本體前，會通

老街上的小農多將農產擺在地上銷售

旗山老街的仿巴洛克建築街屋

過保留相當完整的仿巴洛克式洋房。這條中山路是日本人開闢的「本通」，那時街道都採棋盤式規劃，巴洛克街屋則為台灣牌樓厝，並有「亭仔腳」造型。

與平和路交錯處，是旗山第一公有市場，從日治時代就是個買賣集散地。日本人治理時聚集農婦、肉販、漁商、官員管家或官夫人們，二〇〇三年重新規劃興建，加入現代化元素，一樣為當地人提供魚肉蔬果之買賣。

實地採訪那天，我坐上第一班客運，抵達時，街上商家多半仍未營業。我從旗山車站為始沿著中山路步行著。行至永福街時，路旁多了些零零星星戴斗笠的老農，地上藍白相間帆布一鋪，上面擺著幾把泥土青菜、玉竹筍，或是山藥、番薯、栗子南瓜等根莖類，最多加上鳳梨、當令水果或特產香蕉等。再向北走，與華中街交會處，首先會看到站滿客人的大型海鮮漁貨店。在這山中小鎮，有如此規模的漁產，還真出人意表。他們家的海產，多半來自前鎮漁港，每天供應街坊熟客，鮮度品質不在話下。自此路口到市場建物，攤販更多了；有些是推著攤車，撐把大紅傘的小販以及賣著五金百貨、竹簍農具的店家。再向前，人潮壅塞，你能想的各種五穀時蔬雞禽鮮魚食材，一一呈現，眼花撩亂到像走進萬花筒的世界。

市場裡的入口處，有兩位上了年紀的婆婆守在攤車旁，賣的都是粿。攤車上方覆以綠色帆布，一只竹板凳，像是壞了很多次，用塑膠繩纏纏繞繞，固定又固定，讓我直想到在大英博物館裡看到的埃及木乃伊。她們坐在竹椅上邊顧攤，邊拿著竹扇子，搧啊搧、搧啊搧。我趨身上前，在其中一台攤車前停下，看著那五花八門的粿——甜粿、菜頭粿、油蔥粿、紅龜粿、九層糕、草仔粿等，隨後與這位婆婆聊了起來。她弓著身軀，臉上沒有太多笑容。「這些粿攏是我家己炊的。古早味ㄟ啦！」

她聊起賣粿緣由。「從我嫁人後就開始作粿，我做就久啊。」賣粿婆婆不急不徐地說著。

「按內這我欲買一斤。」我指向菜頭粿。

婆婆便拿把長刀小心地切下一塊，包好。「卡早是我大家大官ㄟ賣，我對ㄟ賣。今嘛剩我ㄟ賣，生意淡泊啊做，朦賺啦。」

接過婆婆的菜頭粿，我趁新鮮吃了起來。現蒸的粿果然軟綿滑順，我三口併兩口咀嚼著，還享受在口裡那淡淡的米香。

走向市場內部，數間上好的豬肉攤。肉販老闆在後頭工作桌，正拿著大刀奮力分著豬肉，幾個婦人正候著，等老闆有空再來進行買賣。客倌要做什麼料理，得用哪種豬肉，吩咐一聲就好。值得注意的是，市場裡面還有那傳承數十年頭的五金行、南北貨與剉冰店，據說裡頭各個都是深藏不露的台灣傳奇，故事精采到已有多人做過專訪。環繞市場建物的中山路與平和路，可謂市場旁人氣旺盛之地；不僅人車壅塞，攤販多到不勝枚舉。靠近巷口處，是間越南美食小吃部，餐桌上有些老邁到不知年數的阿公阿婆，正午未到，已在此先行用餐。

他們點著海鮮河粉湯、牛肉米粉湯和豬肉湯麵，熱呼呼地喝著。在我拍照之時，掌廚的越南女子隨即取了些食材，對我說，「來吧姐姐，我再做道料理給你看。」

不知何時助手也來了，她拿著一盆剛調好的紅糟醬料，將排骨肉片置入，迅速地拌勻拍打，發出沙沙啪啪的聲響，約莫過了三分鐘，她將整個醃在醬料裡的肉片擱放一旁，而角落邊是已然醃好的。她熱起油鍋，滑下肉片，油鍋滋滋作響。底部煎好後，翻面。接著，越南女子拿出乾淨盤子盛白飯，續放幾片小黃瓜。她從油鍋夾起了油腴的排骨，擺在白飯上方，再加入些蒜頭、香菜以及煎到金黃的荷包蛋。

「好了。」越南女子帶著自信說著。「這就是改良自我們家鄉的紅糟排骨飯。」排骨飯的米粒香醇，排骨入味，在視覺上的擺盤更是一流。海鮮河粉也是，它成了我那天的午餐，加了魚露與檸檬，微酸的海鮮，

從左營高鐵轉運站就能搭車直達旗山

又軟又綿的鹹粿，我買了好幾塊

頓時提足了味道，會使人聯想結實纍纍的椰子樹與陽光下的沙灘，正港的南洋風味。

從平和路，我沒入市場窄巷內穿梭，泛黃生鏽的舊式招牌更多了，濃濃的復古氣息湧現。不久，有輛貨車停駐於一間店面前，車身寫著「東港海鮮」，第六感牽動，我又停下腳步，我知道另場好戲即將上演。

一名壯碩的中年男子下車，俐落地一箭步跳上貨車後方。幾分鐘功夫，偌大草魚彈跳現身，中年男子張開大手掌，緊抓著草魚，將之放進水桶裡，一隻接著一隻，沒放過任何一丁點。騎樓下的老闆娘早已等候多時，附近也聚集了幾位客人，老闆娘讓男子將草魚全數倒進小養殖缸，她已裝備齊全，便問其中一位太太，「來，你先！你要愛啥米？」

這間店是旗山有名的草魚店，除了草魚，也有超級大尾的鯛魚。老闆娘將客人選定的魚隻撈起、擊昏，直接在旁邊秤重報價。之後她會戴上手套，在你面前宰殺這尾魚，免了換魚嫌隙。去鱗片、除內臟、切下魚頭，將魚身正中剖開。她將最肥美肚腹取下，留做生魚片。其他用以鹽酥、清蒸、紅燒、蒜泥，最後再來道砂鍋魚頭火鍋，一魚六吃，饒富變化又沒有一丁點的浪費。

1. 老闆娘將活跳草魚擊昏，便開始將之去鱗囉
2. 新鮮淡水魚上場

老闆娘告訴我，如果要吃到當天進貨的鮮魚，可以事先打電話詢問進貨時間。她們的魚每次進貨量不多，以維持料理的極佳品質。新鮮草魚在高雄市區並不常見，這回算是開了眼界，我打定主意，下次一定要偕同家中老少，好好的到此犒賞自己一番。

我走回老街。商家已陸續營業，販售著香蕉蛋糕、香蕉餅與香蕉冰等。目前旗山除了最為人所知的香蕉，亦轉型種植其他水果如木瓜、玉荷包等。我不免俗地買了旗山美人蕉，瘦長型的香蕉，吃起來有點酸澀。想必吃者如我，是過於心急，該讓它多成熟幾天。心理人文作家游乾桂於〈再訪童年〉這篇文章中曾這麼描述美人蕉：「這些年我夢裡常與童年不期而遇……，而且不由自主嗜吃童年記憶裡的食物。美人蕉的甜度未必一流，但吃起來便是到味……。」隨著年歲漸長，童年常吃美人蕉的人們，想當然在此品到童年的滋味。他們對「她」的情有獨鍾，也許甚至到了沒來由的認定喜歡，這點該是非本地生的我們所吃不出來的味道。

旗山的本通，因著巴洛克建築，多少增添幾分貴氣。如今在台灣，各個城池的市中心，多少遺留這類洋房建築，並以台北大稻埕的巴洛克冠於全台。這些建築由建造的華麗程度，便可得知主人家的富裕程度；部分建物還會將家族企業的產物雕刻在山牆上。而高雄的旗山，位在巴洛克建築前的攤販與不遠處的市場，也會讓人聯想到歐洲傳統市集。當年，坐擁此洋房的是富家仕紳夫人；今日，我在這裡，無論是這些市集裡的商販，或者仍在農場辛勤採收的老婦，甚至是遠嫁而來的外籍新娘，她們都是以自己的雙手，在這塊土地奮鬥打拚。儘管沒有胭脂華服，但旗山的傳統手藝、農作物產與所注入的新思維，在在都呈現於她們手中。

我想，稱她們是當今南方市場裡的巴洛克夫人一點也不為過。她們堅守自己的崗位，悠然典雅，也名符其實。

灑點香菜，紅糟排骨飯完成囉

旗山美人蕉

FOLLOW ME
路得帶路逛市場

高雄・旗山公有市場

走向市場內部，數間上好的豬肉攤。肉販老闆在後頭工作桌，正拿著大刀奮力分著豬肉，幾個婦人正候著，等老闆有空再來進行買賣。客倌要做什麼料理，得用哪種豬肉，吩咐一聲就好。

▲市場旁巷子還看得到幾十年前的理髮廳

▲市場的人潮

▲黃昏，這裡有出名的旗山夕照

▲年輕女孩整理魚貨中

▲旗山建築的層層拱廊

▲遠眺旗尾山

▲斗笠與米篩

如何抵達 自高鐵左營站，可搭乘旗美快捷公車抵達旗山轉運站。旗山市場位於中山路旗山老街上，為旗山轉運站之西北方700公尺處，只要走大同街，右轉延平一路，看到復新街左轉，直行就能看到中山路。中山路往北走，沿路為老街風光。旗山第一公有市場位於中山路與平和街交岔口處。

・從這裡能看到斜張橋

高雄 旗山公有市場

旗山市場內部不大，但豬肉攤子卻很大。一個大冂字的工作檯，可以放上好幾隻豬。老闆在後頭分肉，直接放在檯前賣，新鮮都看的到。

▲市場內的肉攤，也很新鮮

在旗山老街市場上的這間飲料店，有著懷舊的老味道。幼年看過的鐵桶子，就這麼保存至今，讓人很想喝喝看這裡的青草茶、冬瓜茶、仙草茶、楊桃汁或金桔檸檬。

▲這不是手搖杯，是流傳久遠的早期飲料店

旗山是山中農業小鎮。在這裡的五金行，仍能看到許多早期農村的行頭。例如：竹編籃子、斗笠、鐵工具或茄芷袋等。

▲早期農村竹編籃子與袋子

市場入口處的幾個流動攤販專賣古早粿。有甜粿、菜頭粿、油蔥粿、紅龜粿、九層糕、草仔粿等，全都是婆婆自己做的。

▲炊粿婆婆的攤位與她的椅子

市場旁小巷子裡的剉冰店，擁有一台骨董級的剉冰機，直到如今仍沒除役，可見店家主人保養得多好。你可以來這裡吃碗愛玉冰，再見識這台一點都不遜色的強力剉冰機。

▲傳統的剉冰機

這間店是旗山有名的草魚店，除了草魚，也有超級大尾的鯛魚。老闆娘宰魚之後，會將最肥美的肚腹取下，留做生魚片。其他用以鹽酥、清蒸、紅燒、蒜泥，最後再來道砂鍋魚頭火鍋。

▲活魚六吃的魚塊已經分好

▲這些都是自己種的，要不要嘗嘗

▲這些粿是我自己做的喔

▲我的檸檬也很讚，你看看

高雄

美濃市場與農場餐廳

Kaohsiung

南

市場・農場女孩・黃金稻浪

「美濃，美濃　離開你的時節
你怎麼靜默平和
美濃，美濃　離開你的時節
你怎麼沒半點捨不得……」

——節錄自林生祥〈給美濃的情歌〉

趁著連續假期，跑了美濃一趟。

從高雄市區出發，經楠梓區，接台二十二線，過了燕巢，在旗山嶺口附近轉台二十九線旗甲公路，進入旗山，於高九十二鄉道右轉，越過楠梓仙溪，續接台三線與高九十三鄉道。我們的車速緩緩減慢，進入美濃中正路了。

美濃是港都行政區中擁有相當文化素養、風情萬種的地區，至今仍秉持著濃厚客家民俗。無論是農田阡陌、絢麗花海；菸草紙傘、陶坯燒窯，或是右堆小吃、山中野味等，種種皆被一群長年居住此地的客家人用質樸與認真保留著。這裡是高雄的世外桃源，以各種傳統姿態、田園風貌如斯呈現的「鄉村小鎮」。

十八世紀，美濃被命名為「瀰濃莊」，因屬楠梓仙溪與美濃溪流域，在客籍移民艱辛開墾下，發展以農業為主的歷史風俗。日治時期設立為「美濃莊」，二次大戰後，改名為「美濃鎮」。這裡的最高峰月光山是美濃人的聖山，與旗尾山連成一脈，是玉山支線的尾端。學生時代旅遊美濃多次，都只為了吃充滿醬味的熱炒粄條，也繞過中正湖；還趕過流行，在手工陶藝坊訂做上頭有落款的陶杯。這回到美濃，打算先至市

美濃的原野景觀

場逛逛。

美濃市場位處中正路，於昭和五年興建的美濃舊橋旁。二〇一一年由新銳導演陳大璞拍攝的《皮克青春》，即選在這跨越美濃溪的舊橋梁上取景，拍下叛逆年少、勇敢逐夢的青春故事。而整個美濃市場，恰好便由一八一縣道切至中正路一段，行至美濃舊橋這塊區段。

市場大部分屬露天攤位，有鋪在地面的小農蔬菜，擺上長桌的麵包商或熟食攤；也有藍色貨車裡，放在保麗龍箱內多樣化海鮮的魚販；沿途的民宅則屬規模較大的服飾店及蔬果行。這裡的蔬菜到貨量非常多，一位菜販遠從高樹而來，帶著自己種的芋頭以及芋橫；另個來自旗山，拿著自家果園裡的過貓、茄子與絲瓜到此擺攤，但絕多數是在地美濃人，他們在美濃溪、獅子頭圳或橫溝、竹子門溝周圍有田地，種植了各式蔬果拿來銷售。

一位綁上客家花布的農婦邊剝著竹筍厚皮邊告訴我，她在河川地的農產豐富有餘，「對面那是我媳婦，她賣的蔬菜種類較多。」我順著她的手勢看過去，果真有個正打點層架上樣樣青菜的少婦。「這筍子處理較麻煩，所以我都自己來。」她將剝好的竹筍清洗乾淨，再放到另一個

美濃小吃店的街景

市場位於美濃舊橋前

盛滿水的桶子裡。「你看喔，像這樣保存，竹筍都不會老化呢！」

轉角處，是炸物攤，生意好得不得了。老闆娘忙到沒空理我，老闆倒是一派輕鬆，咬下一大口一大口的香蕉。「我才剛炸完這些，當然要休息一下啊。」他露出笑容，「以前我爸要我讀書，我讀不來，他就要我去做學徒。」

「學了做菜，到處闖蕩，就一直到現在。」

他說著說著，夾了塊炸魚，「你看，賣到剩這點，吃看看吧。」我愣了下，決定接過來品嘗。「有沒有去中正湖？我家工廠在那裡呢！」老闆又問了句話。

「中正湖啊，那裡很美喔。」我回答，還咀嚼著味道。「這魚真的很香耶。炸皮溼潤卻有脆度，魚肉無刺又鮮甜。」

「這可是鱈魚排，是我們的排行榜耶。還有其他八寶丸、炸雞腿也賣得很好。下回你可以直接到中正湖我們工廠那裡買，更好吃。」我點頭示意，於是買了些黑輪魚板。裝袋時，老闆又送上幾塊炸魚。

「下次再來喔。」老闆說著，我允諾並致謝。再往前走幾步路，則是熟食攤，生意也不錯，烤雞、燻鴨、炒豬肝、醬油蜆、豬肉小腸等，除

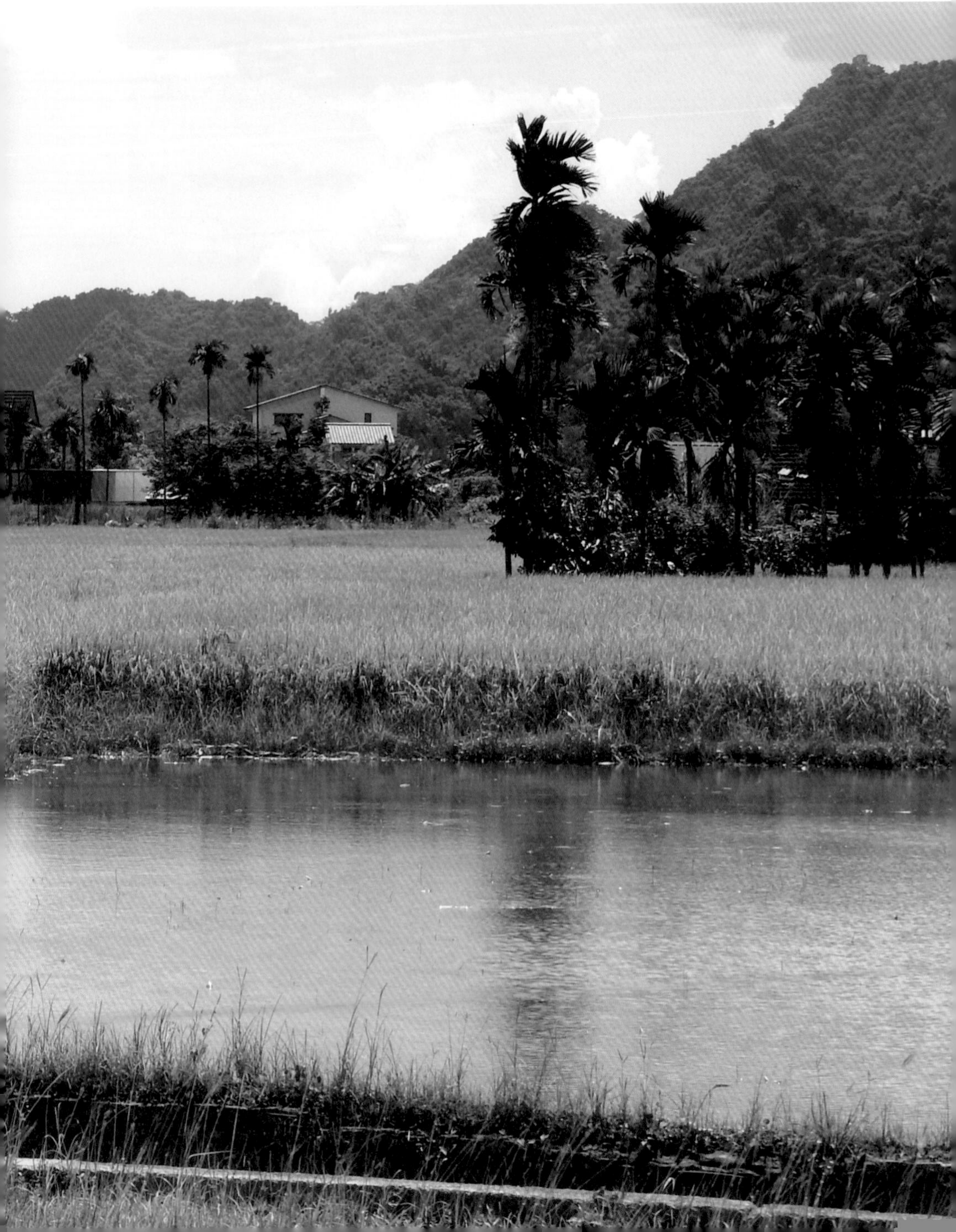

天空下的黃金稻浪

1. 從東港來的魚攤
2. 這裡的炸物可搶手了

此，尚有平價滷味，全部都用白鐵鍋一個個裝好。我站了好一會兒，才將自己拉回現實，「現在買太多是要怎麼吃啊？」我不斷提醒著自己得趕緊走開，免得心房被攻破。

舊橋邊，停放輛裝滿鮮魚的貨車，魚販正在角落磨著刀。他看到我，雙手稍稍止住，「太太，先看看要買什麼魚。」之後還是繼續磨著刀。雖是貨車，但所有的魚都鋪上碎冰，沒有絲毫馬虎。「我的魚都是從東港來的，品質絕對可以放心啦。」魚販磨完刀，檢查著利刃鋒芒，喃喃對我說著。

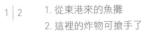

「看的出來，真的是極棒的海魚。」我無奈的說，然後強迫自己將眼睛離開躺在冰宮中的魚群，「怎麼帶走啊！哎喲，真是有夠扼腕的。」我嘀咕著，再去逛其他攤。

衣服、五金、家用品、水果。很快的，市場逛完了，可是我感到有些納悶，豬肉攤怎沒看見？我決定往前瞧瞧。往北走，過了美濃溪，放眼望去是無垠的金黃色，走近，一株株垂著低了不能再低的稻穗，上面正是飽滿纍纍的稻米，在陽光的照耀下，發出閃閃金色光芒。兩旁還有芋頭田、香蕉田，各類果園、農舍。古老三合院的埕間晒著花生，一旁

農家自己的羊圈

搭著竹寮，養著雞、鴨，最有趣的是竟然還有羊舍，圈著的幾隻羊，正屈膝休息著。

我沿著稻田小徑再度啟程，往西走了許久，山巒前的整片稻米滿滿的在風中舞動，稻稈、穀粒與清風互相角力，在我看來，竟形成列隊歡迎的舞姿，或婀娜、或搖滾。此時此刻，視線裡除了綠色高峰、金色珠稻，似乎再也容不下其他。不久，我在田野間某農場餐廳前停下，餐廳裡有位女孩招呼著我，表明來意後，她告訴我，現在剛好是稻收季節，經常會有割稻機來收割。今年的雨水足，氣候也好，美濃的稻米可謂大豐收。這些年來，美濃致力於種植良質米，研發出擁有芋頭清香的冠軍香米，經常供不應求。

說完，她從後頭拿出已碾好的米粒。「這種米煮起來時就會飄出芋香，而且黏度很好，還晶瑩剔透，一點不輸日本米喔。」語畢，她又拿出瓶瓶罐罐，「其實我們美濃人也很愛做醬菜，家中的長輩每年都做，你看這是老菜脯。」

「是，這是傳說中的黑金，聽說是養生聖品。」我接過來，好生端詳。

「是啊，放了很多年，就變成黑色的。它可以做菜脯雞，也可以配

展示的美濃好米

有機餐廳就蓋在稻田河渠旁

稀飯，很好吃喔。」農場女孩說得入神。「之前白玉蘿蔔節我買了很多蘿蔔做菜脯，但沒多久就吃光光了，沒法等那麼久啦！」我難為情的苦笑著，自我解嘲。

「對了，請問為什麼我在舊橋市集都沒看到豬肉攤呢？」我突然想起心中疑問。

「喔對，與你們市區的菜市場不太一樣吧。」女孩笑著，「我們美濃的豬肉攤都位在各個小部落中。」

她接著又說，「有時是平房，有時是洋房。我們客家人養的黑豬肉品質很讚喔，通常都很早就開始賣，比如早上五、六點就得去買，不然買不到好的部位。大概最晚十點前就收攤了，周末假日還會更早收，反正就賣完後就沒有囉。」女孩娓娓道來。

「啊，那麼早喔，難怪我剛剛完全看不到任何一攤豬肉攤。」

正聊著，餐廳的經理人走了進來，與女孩低語幾聲後，他誠懇地問我，「我們剛好在研發食譜，做了些濃湯與茶品，要不要幫我們試喝看看。」

試喝嗎？我回想今天的旅程。本來在市場閒逛，在稻米裡流連，後來又想進一步認識農田，如今卻坐在這個餐桌上，準備當起試喝員。

等候餐點時，女孩又說，「我們去年辦了場田園的餐桌。那是秋日的傍晚，在收割後的農場裡，我們布置了整排大燈泡的燈火，再擺放了約數十人的長桌。」說到這裡，她拿出照片秀給我看。

只見落日晚霞在後，天空畫上一片胭脂紫紅，已收割完畢、整平的田地中，是一長排的白色桌子。與長桌平行的兩側，則掛上彷彿節慶般黃色大燈泡。桌上呢？擠滿了料理，燉的、烤的、煲的、蒸的、炒的、炸的。最明顯的該是所有的座上賓，大家笑得開懷，或吃、或喝、或舉杯、或仰頭大笑。

喝著鮮蔬濃湯、玄米綠茶，還有紅豆米麩羊羹，我們聊著每樣用心的食材，而玻璃窗外正是陣陣迎風的黃金稻浪。女孩去忙她的事情，我獨自坐在餐桌前，瞭望遠方那隨風搖曳一甲子的稻田，想著即將忙著收割的工人們，以及一綑綑會搬進穀倉的稻粒。

即將抵達美濃

美濃舊橋畔的房舍

腦海浮現音樂人林生祥
〈給美濃的情歌〉後半段：

「每一次在台北轉熱天時
我都會夢到青色屁股的客運巴士
在美濃山下的椰子樹間　噗啊噗的行向東
又一次在美國加州沙漠與海邊的日落風中
我遠遠思念天外邊的美濃
我久沒有看到的問候與人情
又有一次專程行到日本的美濃
我詳細揣摩山的形款、水的流法、人的笑容
是不是跟你一樣那麼美
美濃。」

鄉村風光構成一幅畫——藍天白雲、高山樹叢、農舍水田

FOLLOW ME
路得帶路逛市場

高雄・美濃市場與農場餐廳

市場大部分屬露天攤位，有鋪在地面的小農蔬菜，擺上長桌的麵包商或熟食攤；也有藍色貨車裡，放在保麗龍箱內多樣化海鮮的魚販；沿途的民宅則屬規模較大的服飾店及蔬果行。

▶早期農家常吃的芋横

▲農婦説，對面是我媳婦在賣啦

▲另一邊是流動性的菜攤

▲舊橋旁的豆漿店

▲近看，那是飽滿的金色美濃米

▲香蕉也結實纍纍

如何抵達 自高鐵左營站，搭乘旗美快捷公車或 8025 客運，方可抵達美濃老街（美濃站），自高雄客運美濃站往南步行約 250 公尺，即可到達市場與舊橋。另外，若起始站是高雄火車站附近的高雄客運總站，沿途有站牌處皆可上下車，可搭乘 8025、8028 客運，到美濃約一個半小時左右，再步行約 200 公尺即達。

路線：高雄火車站 → 民族路 →（左營高鐵站）→ 旗山 → 美濃。

・建造於昭和五年的美濃舊橋

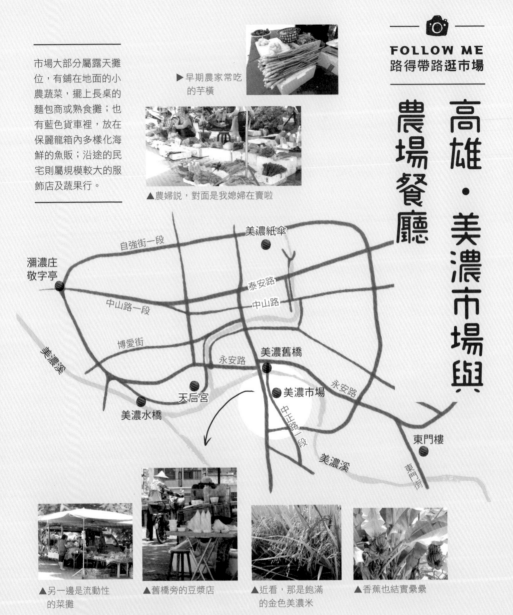

橋邊的鮮魚小貨車，魚販抓到空閒，便在角落磨刀。這裡的魚都鋪上碎冰，沒有絲毫馬虎，而且來自東港，品質絕對可以放心。

▲正在樹下磨刀的魚販先生

這個炸物店老闆相當海派，總會請人試吃。舉凡鱈魚排、八寶丸、炸雞腿等都是店裡招牌。若有興趣也可直接到中正湖附近的工廠購買。

▲豪邁的炸物店老闆

來美濃逛市場，雖然不大，但該有的也一應俱全。烤雞、燻鴨、炒豬肝、醬油蜆、豬肉、小腸等，除此之外，尚有平價滷味，全部都用白鐵鍋一個個裝好。

▲幾十種料理的熟食攤，很強的老闆娘

賣竹筍的農婦將剝好的竹筍清洗乾淨，再放到另一個盛滿水的容器裡。她告訴我，像這樣保存，竹筍就不會老化。

▲農婦正削著竹筍

美濃街上有非常多的粿仔條店，全是出了名的美味與新鮮。除了粄條的新鮮度，這裡的油蔥更是一絕，淋上蔥油與豆芽菜，讓香氣更添一筆。

▲古早味的粿仔條店

這裡的農產品，多數為小農自耕，他們運用溪流圳溝旁的土壤，便能種出許多蔬果。像這個適合多水的芋頭，或是芋橫（芋頭的枝梗），便是其中一例。

▲小農自己種的芋頭

位於美濃黃金稻浪旁的有機庭園餐廳，經常研發各類養生聖品。如玄米茶、紅豆羊羹，只要用對米麩，根本無需化學的凝固劑，美味之餘更是有益健康。

▲玄米茶配紅豆羊羹。完全不用任何凝固劑的羊羹

▲聽說這裡的玉米是二位大學剛畢業的女孩種出來的

▲別小看這碗甜點，紅棗大顆美味，紅豆綿密到化開

▲有機餐廳裡的阿公級腳踏車

屏東

中央市場

Pingtung

南

追尋南台灣農魚肉之鄉

「頭家娘，你做這行就久了嗎？」
「從我十幾歲做到今嘛八十幾，按內有久某？」

假日早晨，難得的悠閒，夏日炎炎，卻有朵朵潔白雲彩的天空。雖然氣溫讓我有些慵懶，但還是想到台灣最南部的農魚肉之鄉去追尋食材。從高雄車站到屏東車站，若搭乘自強號只需十九分鐘，時間上有點像我騎機車到鼓山區或鹽埕區的市場，票價上假如以多卡通刷卡進站，那麼索價將會是新台幣二十八元。這些誘因激發了我想到屏東去逛市場。於是，整理了包包，就這樣出發吧！

屏東在近代史上最顯著的進步，該源自一九〇七年台糖進駐，成立製糖所，以至於一九一四年興建從九曲堂跨越下淡水溪到屏東的鐵路。交通的延展與糖廠的帶動，使大批日本人到此，都市建設也隨之積極發展。日治時代屏東車站附近便聚集屏東市場、郵便局、阿猴病院、台銀支店、學校與警察署等設施，可見當初對這塊區域的重視。

從屏東台鐵車站出站後，沿著逢甲路步行，是個熱鬧的商圈——服裝店、飾品店、運動用品店等開滿了整條路。到台灣銀行屏東分行處時，轉個彎，方可看到中央市場。若你對建築有興趣，也可以順道欣賞台灣銀行整體的建築型態，那是以附壁柱列來增加牆體厚實的早期銀行建物，窗戶皆開在柱與柱之間，以求外牆的立體壯觀；從車站到市場，

市場外為百貨區，是逛街的好所在

市場內正中央地帶，
立有民國四十六年成立的石碑

全程只有六百五十公尺。

屏東的族群有閩人、客族，亦有為數不少的外省籍與原住民，不管是哪個族群，各聚落皆保有其完整的民俗文化與飲食特色。屏東平原擁有廣大腹地，溪流圳溝穿越，因此在產業結構上，重農業與養殖畜牧；又因東港海域的漁產著實豐富，為台灣最大近海基地，故以南台灣來說，可說是集大規模農畜漁一身，又具典型熱帶風情的大縣市。

而坐落在台鐵屏東站附近的中央市場位址，現在為市中心舉足輕重的傳統市場。原址在日治時代屬阿猴病院（現屏東醫院之前身）。一九五一年醫院遷至自由路現址，一九五四年便在此地興建中央市場，二〇〇九年因建物老舊而進行改建。從地圖上看，市場是個圓環，連接四條對外街道。圓環核心是第四商場，又稱小圓環，屬飲食小吃區，其周遭環繞第一、二、三商場。第三商場早期規劃為鐘錶店，後因營運不佳導致沒落。所以就目前看來，除了第三區仍有些許西服或美容店，其他商家多已轉業或外移至附近較醒目地點。

第一商場位於民生路，過往至今皆提供屏東市民屬於百貨、美容、婚嫁、衣飾等服務。我走進時，望見幾間婚嫁店、美容店、布行與紐線

來自東港源源不絕的魚貨

行等，這些店仍保留著舊時代繁華的跡象。當通過民生路進入環形廈門街、杭州街時，你會有豁然開朗的感覺。色澤鮮豔的男裝、女裝與童裝吊掛成排，鞋子包包隨處可見。此區屬於第四商場外圍，原來逛街的人都跑到這裡了。

小圓環的南方，是第二商場，也是傳統食材聚集之地。市場內部，一排整列都是海鮮攤，另排則全數為豬肉商號。再過去些是蔬菜水果區，販售的種類與數量一樣多到驚人；少數還有熟食、南北貨雜糧等攤位。

市場的海鮮多半來自東港近海，因此多的是生猛鮮魚，舉凡鰺科、鮨科、笛鯛科等種類，如瓜子魚、白鯧、黑鯧、石斑、朱鱠、金線魚、鹽公、鐵甲、白帶魚、海雞母等繁多數量，完全不輸東港漁市。每年春夏之際，遠近馳名的黑鮪魚肚生魚片，或者日本人最愛的櫻花蝦，這裡都能嘗到。

走到豬品區，木頭桌上陳列著略帶粉色的紅肉。攤位正前方，會掛著豬肝、五花肉或一串串排骨。沒錯，除了海鮮，屏東亦是台灣著名的養豬大戶。二〇一七年台灣最大的養豬縣市，屏東居第二，僅次於雲林。目前養豬場皆分散在如萬丹、內埔、麟洛、新埤等地，於是這裡衍

牛肉攤掛上乾淨整理過的牛肉

生許多豬肉美食——萬巒的豬腳、里港的餛飩、麟洛的六堆黑豬，或者林林總總的肉品加工，諸如此類。這些都是屏東的代表作，強調的正是當地豬肉的美味，而每年豬腳文化節更是屏東一大盛事，吸引國內外觀光民眾前往共享盛舉。

一位肉販太太正專心的為一塊三層肉切下豬皮。我走近細看，豬肉彈性極佳，表面仍持有亮澤，我忍不住稱讚了起來。「你家的豬肉看起來好嫩，煮起來應該很好吃。」

肉販太太謙虛地道謝，繼續用刀慢慢從肥腴的油脂處劃下，眼下一大片豬皮即被取下。「好精采的畫面喔！」我想。於是拿起相機，欲捕捉她專業切肉的鏡頭，詢問她意見時，她瞇上眼，笑了出來，「上回有個人也說我這個姿勢很好看耶！就切肉的時候啦。他也幫我拍了好幾張照片喔。」

「那再多拍幾張好了。」肉販太太樂極了，馬上又很配合地注視她的肉塊，再將切下來整片的豬皮拿的老高，深怕我沒拍到她的戰利品。

再往前，另個肉攤，老闆則在灌香腸。他從頭到尾沒開口說上一句話，對我完全以眼色或表情回答。

我看著老闆馬不停蹄地整理腸衣，然後將腸衣裝進絞肉機的出口。開關一開，新鮮絞好的碎肉進入腸衣裡面，老闆另隻手扶著已灌好的香腸，整條完成後，他在正中央束上紅繩、掛起，然後再用指頭抓出香腸的段落。

青菜蔬果攤，密密麻麻種類眾多的蔬果整齊地放在五至七層的階梯層架上，與歐洲市場如出一轍。某些市場菜販攤位大，所有商品是整個攤開，平放在桌上，頂多一層或二層架。這兒是屬於高層階梯的菜攤，由於蔬果相當密集，整個畫面更動人了，若不是青菜種類與歐洲迥異，我真的會以為置身在巴黎或巴塞隆納的歐洲市集裡。

出現七層菜販的攤位，是一位髮色雪白、燙著小卷花菜頭的婆婆。別看她一頭白髮，她眼睛有神，面容發光，手腳靈活的很。裝菜、搬菜、拿菜、做生意、聊天、算錢找錢，十足像個年輕人。

「頭家娘，你做這行就久了嗎？」我趁她空閒時問了起來。

她自階梯走下來說，「從我十幾歲做到今嘛八十幾，按內有久某？」

「哇塞！有夠久。請問你攏佇這賣嗎？」

「毋啦！我卡早細漢是佇逢甲路ㄟ菜市仔。啊，你毋

這攤肉販先生正在灌香腸

此油脂為炸豬油的來源

知影啦。你啊未出世啦。」她哈哈地笑出聲音來。「金嘛遐攏無啊，尾啊攏遷來遮賣。」

就是賣了一輩子，所以才有七層階梯商品的把握。老婆婆每樣放的數量不多，但樣數卻很多，沒說幾句，老客人又來了，她們又唧唧喳喳的閒話家常起來。

我在市場逗留，來來回回看著這類食材集散之地。心裡想著，「哎呀，這條黑鯧買回家煮黑豆瓣不錯。那塊里肌可以切片做醃肉，再配上婆婆的洋蔥、酸黃瓜，超讚的。」正打算付錢買魚買肉，看到手機裡的最新新聞跳過——鐵路事故過於嚴重，台鐵列車仍持續誤點中，真是太過分了，怎麼剛好挑在今天車禍誤點呢？雖心有未甘，也只好憤憤不平地離開。不過，反正很近，只需十九分鐘，就能到達屏東，那麼我想，下回再找一天到這裡吧，這兒可是台灣最南部的農魚肉之鄉呢！食材果真是好的沒話說。

白髮老婆婆已經九十多歲

FOLLOW ME
路得帶路逛市場

屏東中央市場

走到豬品區，木頭桌上陳列著略帶粉色的紅肉。攤位正前方，會掛著豬肝、五花肉或一串串排骨。沒錯，除了海鮮，屏東亦是台灣著名的養豬大戶。目前養豬場皆分散在如萬丹、內埔、麟洛、新埤等地，而每年豬腳文化節更是屏東一大盛事，吸引國內外觀光民眾前往共享盛舉。

▲市場內的菜販

▼魚販老闆娘將一箱箱魚隻打點好

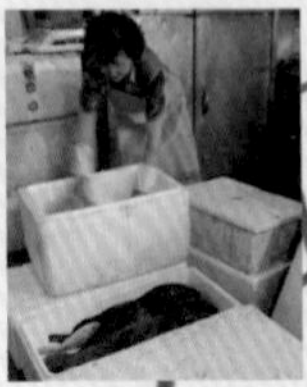

▲東港的漁產量也相當大

▲市場外圍的飲料店

▲這條路為蔬果區

如何抵達 屏東中央市場位於屏東廈門街，屏東車站東北方 650 公尺圓環處。只要走中山路，右轉逢甲路，再接中華路直行，就會到達廈門街，全程不到 10 分鐘路程。或者，可同樣走中山路，右轉逢甲路，接民生路，再左轉杭州街，即達廈門街。第三條路，則可直行光復路，左轉復興路，接漢口街直走，再接杭州街，即達。

・市場早期的圓弧形建築

屏東 中央市場

市場的海鮮多半來自東港近海，舉凡鰺科、鮨科、笛鯛科等，如瓜子魚、白鯧、黑鯧、石斑、朱鱠、金線魚、鹽公、鐵甲、白帶魚、海雞母……種類繁多，完全不輸東港漁市。

▲這排為海鮮魚貨區

屏東亦是台灣著名的養豬大戶。目前養豬場皆分散在萬丹、內埔、麟洛、新埤等地。因此在這裡的豬肉攤上，看到的都是略帶粉色，彈力極好的紅肉。

▲屏東為台灣重要養豬區域，豬隻皆看的到新鮮，肉質有彈性

市場外圍的飲料店，別出心裁地布置美麗的花朵與金桔。這裡有各種珍珠奶茶與手沖清茶，讓人就算來到艷陽高照的屏東，仍能瞬間清涼解渴。

▲以小花盆與金桔裝飾的茶飲店

這間銅鑼燒店也是現點現做。老闆會依你點的口味，現場包上餡料，讓人心動不已。

▲市場外現做的銅鑼燒

市場內的熟食店，種類不多，售完為止。老闆一派正直靦腆，正切著客人指定的豆干滷味。

▲老闆認真地切著熟食

這攤肉販太太正專心地為一塊三層肉切下豬皮，我被其專注所吸引。她家的豬肉表面仍持有亮澤，潔白的脂肪被她輕輕取下。

▲肉販老闆娘正在分肉

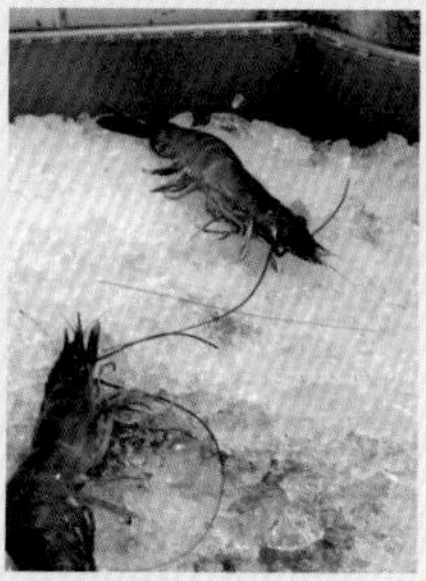

▲新鮮草蝦

▲一大籃一大籃的葉菜，永遠不怕買不到

▲大隻紅鮭魚

屏東

潮州第一公有市場

Pingtung

南

情比姊妹的小鎮市集

我忘了今天來到底是拍食材、市場景物，還是拍人？

我只知道，今天我笑了好久……

「喂！小姐。」有位菜販婦人叫住我，她指了指身邊的大嬸，用開朗的音調說，「這人呀，她說叫我拿我賣的兩顆紅椒放在胸前讓你拍啦。」我噗哧笑了出來。現場大夥更是笑的前翻後仰，眉笑、嘻笑、豪派地笑；或拍手、或張口、或拉開喉嚨發出「哈哈哈」的聲音。

我側頭想了想，嘿，我到底是在哪個市場？

究竟哪個市場攤鋪主人彼此之間感情可以這麼好？好到如此緊密和諧，可以縱情放聲大笑？我站在當中，有點時空轉移，分不清現實。此時的我，覺得好像在一場家庭派對中，只差沒整桌的擺盤好料。

潮州位於台鐵西部幹線與南迴線之交會起點處，西部普悠瑪列車唯一停靠之鄉鎮車站，更是前往墾丁必經之地。二〇一六年高雄小港機場開通直達墾丁快車客運時，潮州便是少數停點站之一，它是整個屏東平原裡人口數最多的小鎮。十八世紀，因廣東潮州人渡船移民開墾而命名。一九二〇年因鐵路向南延伸至此而加速發展，演變為貨品集運中心。潮州境內的民治溪，是上帝給的禮物，為天然的排水溝與灌溉泉源，潮州因而得此富饒之地而在廣大平原裡種植大量農作，自日本時代

甫蓋好的潮州火車站

炒粿與肉丸是潮州名產之一

起便盛產稻米與香蕉。

來到潮州，一般觀光客會品嘗潮州冷熱冰、炒粿仔、屏東肉丸、旗魚黑輪或喝點牛肉湯，再轉去萬金聖母堂、林後四平森林園區與綠色隧道健行參觀。潮州人的冷熱冰，是滾熱的甜料，放上如山峰般的剉冰，吃的時候千萬別攪拌，得從底部把料挖出來，連著剉冰一起吃。潮州的炒粿條，多少還保有廣東來的味道。端來時你會看到整盤的紅，用的是番茄醬與甜辣醬。至於屏東的肉丸，也與閩南味不同，閩南肉丸的醬汁會熬煉成油膏狀，糖味較多，略偏甜；屏東的則是將蒸好的肉丸置於清醬汁中，讓外皮吸入鹹鹹的醬油味。

潮州車站前的年街，打著三十年的名號，也是在每年春節期間湧進數十萬人潮的不打烊市集。滿滿的春節味兒，小吃、飲品、服裝、伴手禮等，那是年假喜氣洋洋的吃喝玩樂之地。

潮州市場概念可源於日治時鐵道附近的農倉與香蕉市場，早期民生路正是潮州人的南北貨大街，老店鋪經營雜糧與種子，是排二層平房組合的建築。現在的潮州公有市場是在二〇〇九年改建，近年並榮獲樂活優良市集與創意市集。

話說我從車站到市場的過程，其實是這樣的。

天氣熱到昏頭轉向，我在烈日下步行，遠遠地看到間雜貨店，才下意識朝著目標走。那是間很傳統的店家，居家、農事、畜牧等五金雜貨都有賣。除了一般我們在市區小北百貨看到的水桶、桌巾、鍋子、生活用品等，尚有香蕉被、雨鞋、釣竿、漁網、鏟子、鐮刀等，以及二〇一七年國慶視覺設計理念的農家「茄芷袋」，藍紅交間的袋子；吊在鐵厝屋簷上的，還有大小尺寸排列的雞飼料桶。

雜貨行是開在民生路上，有二到三間。我在這裡稍作休息，灌下一大口一大口的開水，精神才得以恢復。向前走，還有幾間種子店，販售紅豆、綠豆、黃豆、薏仁、小米；一大包一大包的油蔥酥、花生與木耳。老闆娘是位風韻猶存的老婦，得近看才知她的年紀，她燙了很漂亮的頭髮，髮間還繫條碎花的藍絲帶，配著她身上那件無袖飄逸的衣裳，煞是好看。她向我介紹著各樣種子以及整竹籃子裡的黃豆豆麴，她解釋著做鳳梨豆醬時，該如何使用豆麴，再領我看整齊擺在地上的蒜頭。

「這蒜頭有分等級的，看你要用哪一級的。」

接著，她從裡面拿出比五十元硬幣還要大的蒜頭，「看，這是其中

潮州市場的五金行

魚販太太笑著向我解釋魚隻種類

的一瓣。是最頂級的。」我在那裡見識了各種大小的蒜頭與雜糧，便往市場走。市場最外圍是間魚販，旁邊立著醒目的招牌。

魚販太太看到我，馬上認出我是個生面孔，於是她告訴我，「這ㄟ魚仔攏是對東港來的鮮魚仔。啊我佇頭前賣魚仔，我妹妹佇後壁負責煮厚人客喫。啊你欲翕相嗎？盡量翕盡量翕，我幫妳擺一下卡媠ㄟ喔。」她說的時候笑瞇瞇的，一面打理著客人要的魚，一面又用手將魚隻排好。我看到後邊店面裡寫著菜單，海鮮飯湯、鮮魚湯、鮪魚肉燥飯等。

往裡走，通過玄關，牆壁上貼著各類海鮮圖鑑，幫助大家認識魚類。市場裡面，在我踏入時，坦白說並沒有看到大場面，有的只是窸窸窣窣的碎語聲與輕笑聲。攤位不多，但該有的都很齊全，也許正是如此，我還擔心關於我的來訪不知會不會顯得有點突兀。不過大家開心地聊著天，似乎對陌生如我見怪不怪，我也就大方的參觀起來。

果然，受東港影響，漁產頗豐，一隻隻令人垂涎的鮮魚，看來都快兩斤重。「白帶魚、黑格魚、石斑、紅新娘、黃魚，這些魚不管是鹽烤還是湯煮，吃來肯定過癮！」我心想。光澤鮮豔的魚隻，令人百看不厭。雞肉也不錯，放山雞、烏骨雞肉質看來也頗富彈性。

屏東是豬肉產地

水餃攤老闆娘眉開眼笑

到了豬肉攤，排骨、五花肉、梅花肉、腳筒骨等各部位已分別處理好，連後頭分肉的刀子也一一排列整齊。在砧板旁，是把磨利菜刀的磨刀棒。我拿起相機拍啊拍，突然覺得很奇怪，「咦！人呢？」剛剛不是有人正買賣，怎麼一會兒看不見人，我放下相機，四處張望，才發現這幾個肉販太太都聚集到一邊，她們與客人正聊著天，好讓我能慢慢拍。

「老闆娘。」我喊了一聲。「老闆娘！」我又喊了一聲。

「有有有！」一位年輕老闆娘從另一攤跑回來。「拍謝啦，」她就像鄰家妹妹那樣親切的回答，「啊就那攤也是我們家的啊。我想你要拍照，就過去幫忙啦。啊，對了，小姐，你要買什麼？」

「沒事。想幫你拍照啦。」我輕輕閉起嘴唇偷偷笑著，回答她。

「拍照？不要啦。我會很不好意思耶。」年輕老闆娘紅羞了臉，靦腆地說著。

「厚，人欲幫你翕相，你擱ㄟ拍謝喔。」旁邊賣水餃的太太笑著調侃她說。「厚伊翕無要緊啦。」

「喂！哈哈！無妳毋拍謝，你就厚伊翕嘛。」年輕老闆娘有點不甘示弱，也笑著回應。「好啊，只是毋知影伊有欲翕我某啊？」你一句，

兩大束青蔥，
看你要買多少

處理完畢的新鮮海產

市場不大，彼此感情卻濃郁非常

我一句，我看了有趣，也笑出來，「有啦有啦，攏ㄟ凍幫恁翕啦，沒問題喔。」拍完了水餃太太，我問豬肉老闆娘，「你還有要拍嗎？我拍北部地區的市場，很多人都喜歡被拍呢。」

「我們南部人就比較害羞啊。」見她仍猶豫，我跟她比了「沒關係」的手勢，低頭拿出礦泉水，想喝口水再往下一攤。「小姐，」豬肉老闆娘出聲了，「那我也要ＹＡ。」我口中的水差點噴出來。眼前的她，開心至極，一隻手比個大大的勝利「耶」，我這也才發現，她嘴上正塗著亮紅的唇蜜。

笑聲已然傳開，嘰嘰喳喳中伴隨著笑聲，而客人們也加入行列，「呵呵」與「嘻嘻」聲不斷。走到菜販大姐那裡，她好像已然認識我，在我仔細看著各樣蔬菜水果時，她便快樂的「烙下狠話」。

「這人呀，她說叫我拿我賣的兩顆紅椒放在胸前讓你拍啦。」

原來不知她們已討論多久了，也不曉得這些婆婆媽媽是客人還是其他攤的。反正事情就是這樣，菜販大姊叫住我，她笑得很開，擺了個名模的姿勢，將兩顆紅椒正正的放在她黑色衣服的胸前。

我忘了今天來到底是拍食材、市場景物，還是拍人？我只知道，今天我笑了好久，相片裡多了好幾張笑得滿懷的臉譜，而且大部分因我笑彎了腰而顯得模糊。

走出市場，我回到民生路，在某間裝潢溫馨的咖啡店前拍照。正投入，餘光瞅到一位留著及肩捲髮，長得像雕刻家的中年男子，他正停下腳步等我拍完。我這才知道，我擋到人家的路，而他之所以沒有超路，是因擔心破壞我鏡頭下的畫面。我向他致歉之時，他很紳士地告訴我，「沒關係的，現在很多人都喜歡到超市去買菜。但事實上最新鮮的食材，還是會在傳統市場裡，只不過就算經過改良，經營上仍面臨很多的挑戰。」他嘆了口氣，繼續說，「所以，我稍微等一下無所謂的。沒關係，來，多拍一些喔！」

市場裡的笑聲與談話言猶在耳，攤販與客人間像姊妹的情誼如巧克力般化開，也仍舊溫暖著我的心。那位「長得像雕刻家男子」的身影先行離去後，沒入種子巷裡，我回頭定睛望著市場與民生路，於是拿起相機。

「喀嚓喀嚓」、「喀嚓喀嚓……」，不知怎麼搞的，我竟在這烈日下，拍得更起勁了。

FOLLOW ME
路得帶路逛市場

屏東・潮州
第一公有市場

潮州市場概念可源於日治時鐵道附近的農倉與香蕉市場，早期民生路正是潮州人的南北貨大街，老店鋪經營雜糧與種子，是排二層平房組合的建築。現在的潮州公有市場是在 2009 年改建，近年並榮獲樂活優良市集與創意市集。

▲蔬菜攤的老闆娘俏皮的擺姿勢

▲屏東有名的肉丸店

▲放眼望去的魚貨

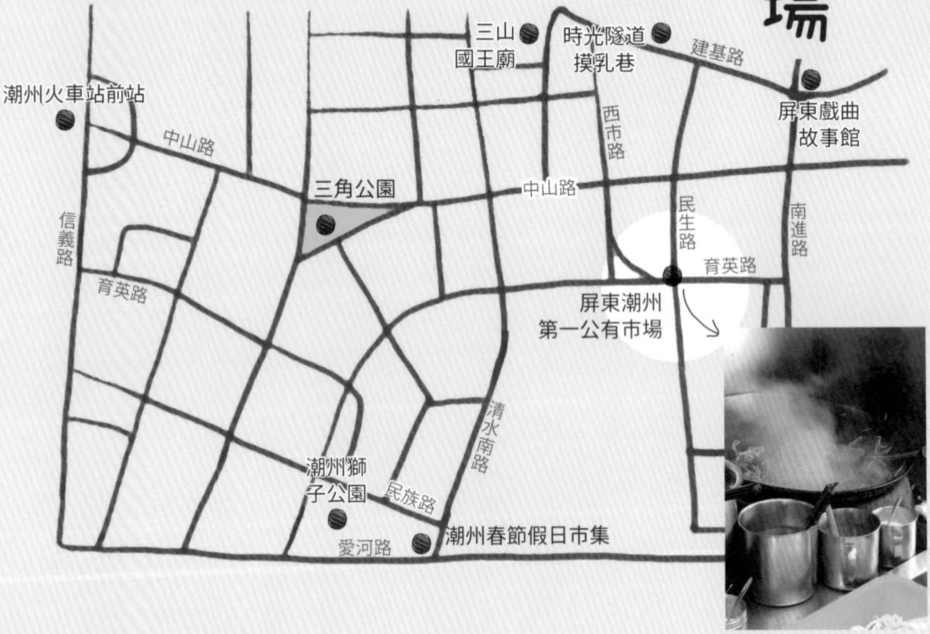

▲現炒好吃的粿仔

如何抵達 潮州第一公有市場位於中山路上，自潮州車站往東行 600 公尺，約步行約 8 分鐘就能抵達；從潮州車站前站出來，便能看到中山路，直行即可。若是想嘗試以緩慢悠閒的步伐抵達市場，則可走信義路，接育英路，再左轉新生路，經三角公園走中山路，持續直行即達。步程約 10 分鐘。

・潮州街上各類小吃店

屏東潮州 第一公有市場

這間在網路上有名的春捲店，傳了三代數十年的好味道，也是許多遊子歸鄉尋訪的懷舊記憶。有空不妨來試試。

▲潮州有名的春捲店

受東港影響，潮州的漁產也很豐富。鮭魚、海鱸魚、石斑、紅金線蓮、花枝等，這些魚不管是鹽烤，還是湯頭熬煮，吃來都叫人大呼過癮！

▲潮州公有市場入口旁的魚攤

這間豬肉攤，排骨、五花肉、梅花肉、腳筒骨等各部位已分別處理好，連後頭分肉的刀子也一一排列整齊。老闆娘後來開心地對著我比上 YA 的手勢。

▲豬肉攤老闆娘說，我也要 YA

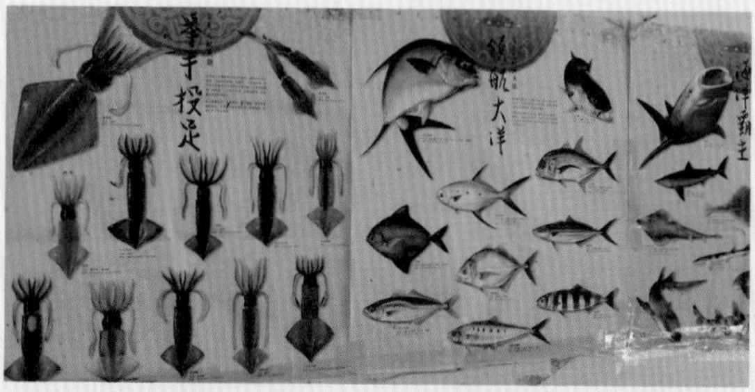

這間市場最外圍的魚販攤，兩旁矗立著醒目的招牌。往裡頭走，只見牆上貼滿各式海鮮圖鑑，幫助大家認識魚類、水產等。店面後邊寫著菜單，有海鮮飯湯、鮮魚湯、鮪魚肉燥飯等海味料理。另外，攤販的漁獲皆來自東港的鮮魚，老闆娘也熱情的向我介紹魚隻種類。

▲魚販攤牆上的海鮮魚種圖鑑

市場外民生路上有好幾間種子店。賣的是紅豆、綠豆、黃豆、薏仁、小米等。此外，還販售一大包一大包的油蔥酥、花生與木耳。

▲五穀雜糧種子行

▲做豆醬的原料

▲加了番茄醬等紅醬的炒粿仔

▲客人下訂的魚

市場外的民生路，有這麼間咖啡簡餐店。小巧可愛且創意十足，讓人在逛完市場時，還能偷得一小時的清閒，品上一杯好咖啡。

▲店鋪外圍的簡餐咖啡廳

宜蘭

南／北館公有市場

Ilan

再見噶瑪蘭

「今天怎麼這麼快就沒有了？」

「今仔日是好日啊，所以真緊就賣完啦。」

天氣已經冷了好幾個月，我纏上最厚的圍巾，戴上毛線帽，推開飯店大門。一陣冷風毫不遲疑地衝向我，我不勝防地倒退幾步。搓了搓手，吹了口熱氣取暖，這才感受到冰冰的雨絲。抬起頭，望向無際天邊，視角裡盡是廣大的灰濛，我享受著，享受當下飄過我臉頰的水滴，腦中泛起詩人曹尼之〈據說宜蘭立秋〉：

「……帶一面雨躲進碧霞街
舌尖頂住整個咖啡林
日晒或水洗
偏酸還是果香……」

「碧霞街、咖啡林。嘿！噶瑪蘭。我回來了。」

宜蘭市是宜蘭縣的政治文教中心。宜蘭大學、宜蘭高中、蘭陽女中以及國稅局、文化中心、宜蘭縣政府皆設立於此。在清朝時即為噶瑪蘭廳的廳治，建有城池，並有護城河。碧霞街、城隍街、文昌路及康樂路等，都是舊城內主要街道。因縣城四周種滿九芎樹，又有九芎市之美稱。宜蘭最早期的原住民是噶瑪蘭平埔族人，他們主要活動區域是在沼澤溼地傍水而居，自形部落。依文獻來看，十七世紀噶瑪蘭人首先遇到

遺留下來的的宜蘭老厝

康樂路沿途許多小農

西班牙人來襲，十八世紀後期陸續有漢人試圖前往開墾。一七八七年漳州人吳沙取得地方官府的合法墾照，由三貂角前進宜蘭平原開墾，他憑藉猛烈的火器，與噶瑪蘭人正面衝突，一七九六年攻占烏石港，爾後漢人勢力才逐漸穩定。

發源於雪山山脈的蘭陽溪流向東方太平洋，是宜蘭的生命之河，將宜蘭分為溪北、溪南。吳氏家族在入墾蘭陽平原時，由於組織嚴謹，開墾制度遂運用十多人為一結，數十結為一圍之結首制，一八〇二年便往南擴展到今宜蘭市的五圍地區。一八〇七年泉漳械鬥，漳州人接管溪北地區，泉州人則越過蘭陽溪，進入溪南地開墾。而在一八一〇年設噶瑪蘭廳後，短短十年，泉州人也迅速將溪南開墾為水田農地。至於噶瑪蘭人，部分加入屯墾，並同化於漢人；部分則往南移動，抵達南澳、花蓮地區。

旅居宜蘭時，先生在民權新路一帶租了房屋，作為暫時落腳之處。那是間三房兩廳二衛的電梯大樓住宅，房子主人全家搬回花蓮老家，住處便空了出來。從那裡往北方走，可達金六結與宜蘭河濱公園。宜蘭河堤是我們常散步運動的一條綠廊道，我們在那裡看龍舟，也曾遇到慢跑的宜蘭市長。

每天早上，送孩子上學後，我會以步行方式，經光復國小、正好小籠湯包，轉舊城南路、蘭城新月廣場、台灣銀行到南北館市場。光復國小前的小河圳，據說是當年舊城護城河的一部分。一九〇八年日本政府實施市區改正計畫，拆除城牆，將西北二側護城河埋入地底，成為下水道。東南二邊的水圳種有垂柳，為觀景用，改名為八千代川。一九八五年，完成舊城南路、中山公園到小東門之水圳加蓋工程，護城河正式成為宜蘭市區中的暗渠。

從台北市府站坐首都客運約六十分鐘，即可抵達校舍路的宜蘭轉運站。這個冬天，我在丟丟銅仔公園附近，淋著小雨，找了間飯店住宿。過去在宜蘭時，曾聽過當地人提起有關宜蘭氣候的諺語。如：「阿藝倌真正水，噶瑪蘭厚雨水。」，用以形容宜蘭多雨的天氣。還有人說，「暗公飛上山，笠仔棕蓑拿來幔，暗光飛落海，笠仔棕蓑拿來採。」其中「暗公」指的是夜鷺。意思是當夜鷺飛往山邊，得趕緊拿斗笠來披戴，因為要下雨了；但若夜鷺飛往海邊，則斗笠大可擱放一旁，用不著了。以夜鷺作為推測氣候的象徵。在宜蘭市的溪邊或溝渠旁，就經常可以看到夜鷺。

宜蘭市最大宗的食材買賣集散地，是南北館市場。一九一一年，為

老厝現多改造為觀光文創咖啡廳

丟丟銅仔公園

宜蘭街食品料小賣市場。一九三九年光復路拓寬，連接中山路之後，將市場一分為二，於是光復路以北，為北館市場；以南則稱為南館市場。

市場裡的蔬菜種類多半與在南部看到的差不多，但會有幾項蠻特別的，如娃娃菜、很少見的甘露子，因為水氣多，龍鬚菜的量也很大；又因近梨山、福壽山，將軍梨與高麗菜數量也不少。夏末時在花蓮的西瓜產完後，壯圍的西瓜會接力式的適時補上。春節時員山鄉的椪柑是應景水果，但我在高雄常吃便宜的柳丁，在宜蘭卻真的少的可憐，且價格不斐。

市場外的街道，是享受與小農互動樂趣之處，無數從員山鄉或深溝到此擺攤的農家，他們只要一只超低小板凳，地上帆布一攤，將腳踏車載來的各種蔬菜拿出來，就能做買賣了。在宜蘭市附近的員山鄉，擁有大片稻田、菜園、果園。好幾次我和先生帶孩子逛到員山山區時，見農民正在田園裡忙著農作，便直接買了些回家，也不管收割的是芋頭還是韭菜。有回遇到騎樓下一群老婦人正製作福菜，好奇的多問了些話，離去時他們也抓了一大束讓我帶回家。「這你轉去切切ㄟ，跟三層肉做伙滷，放豆干、滷蛋，有夠好吃ㄟ。」

南館市場裡的熟食攤，就能買到現製鴨賞。近來由於台北人至宜蘭採訪美食的多，這些熟食店家大多在電視上已曝光多次。這次到市場，有間熟食攤的女孩就告訴我，真的已經有太多報導了，久了也習慣了。由於宜蘭水域多，適合養鴨，櫻桃鴨、蔗燻鴨等料理非常有名；鯊魚煙、花枝煙、豬肝煙、煙燻鴨肉、雞肉、香腸、粉腸、海蜇皮等五花八門的料理項目亦很多

1｜2

1. 南方澳漁港來的蝦蛄
2. 整隻的醃鴨肉

樣。宜蘭人在習俗上用甘蔗與糖製作這些滷味小菜，在冬寒時分，無須加熱，冷食就很好吃了。我住宜蘭時，就常買些回家，充當小菜。

這裡的魚攤，供貨來源多自蘇澳、南方澳或大溪漁港。以太平洋深海魚種居多，冬天變化多；有時你能看到魚攤後頭，擺著一大尾曼波魚，魚販會問你，要買多少，再以刀子切下大概大小的魚肉。在宜蘭，虱目魚較少見，有回逛市場，來位大漢，遠遠就聽到他的聲音。「來喔來喔，台南來ㄟ虱目魚喔。」聽到虱目魚，兩隻腳自己走過去。那天我還真買他一大袋虱目魚，回去狂吃了好幾餐。

南館市場的地下室，環繞新鮮豬肉攤、菜攤、熟食攤或製麵所。裡頭有攤豬肉販老闆娘，在三重出生，但父親是左營人，她從小在左營眷村長大，直到現在，他們在高雄仍有棟房子。我非常喜愛她家的黑豬肉，肉質有彈性，香氣又足。她灌的香腸也挺特殊，份量是別人的一·五倍，吃起來真是大呼過癮。

南館市場內民生街還有一個推車攤位，每天現做紅豆麻糬、草仔粿，冬至時也賣紅白湯圓。老闆娘的麻糬現做現包，她還有一個舊模具，專門將紅色麻糬壓平印上烏龜花紋。她家的食品，有時太晚就沒得

1｜2

1. 市場內的麻糬，太晚就吃不到了
2. 宜蘭北館市場到了

吃了，這裡也是我那時每天買完菜的小點心之一。這次回去拍照時，繞了其他攤位，十點才到這裡，沒想到麻糬幾乎已見底，我問她，「今天怎麼這麼快就沒有了？」老闆娘悠悠地說，「今仔日是好日啊，所以真緊就賣完啦。」

「好日喔……」我反覆咀嚼這幾個字。我想今天到底是農曆幾號呢？正思考時，老闆娘又說，「是好日啊，落雨落這久，今仔日總算雨停了。」我終於理解了，她口中的好日，指的正是雨停了的日子。

過了光復路大馬路，進入北館市場。昇平街豆腐攤，有位超可愛的妹妹負責賣豆腐，她們家的臭豆腐，用來做清蒸或火鍋，無敵美味。有時週末早晨，只晚一、兩小時起床，臭豆腐就沒了，店鋪裡現炸的豆皮也空了，香醇濃的豆漿更甭提了，所以那時只要想吃豆類食品或喝上醇豆漿，一定都會起個大早到那間豆腐攤，再衝鋒陷陣擠進婆婆媽媽裡。北館市場內部，傳承福州的餛飩麵攤，老婆婆包餛飩一流的手藝，在北部地區火紅的很。我們剛到宜蘭居住時，這店的餛飩麵與麻醬麵幾乎連續吃了好幾天，才滿足地轉往其他小吃攤。

除了菜販、製麵所，這條路大大小小的魚攤亦好幾個。有的會算你便宜點，只要你回家自己宰魚；你也可以多看幾間，喜歡再下手採買。路上有間不算大的魚攤，擺著一籃籃切成塊狀的魚肉，我因猜不出魚種，便詢問了老闆，老闆說時遲，那時快，立刻從後面拿出一整隻完整無缺的魚，「哇塞！」我喊出來，「那是整隻的魟魚，歐買尬，這是要怎麼吃啊？」

到了崇聖街的角間魚攤，亦有新發現。說也奇怪，住宜蘭時從未來此買魚過。沒想到這次他們的魚貨，倒是吸引我的目光。我看了幾眼這裡的魚，便發問著，「不好意思，可以請問這是什麼魚呢？」台灣的魚實在很多種，我也難以一一記住，尤其是太平洋的魚，不過魚販老闆娘卻很耐心地告訴我，「那是打骨仔。」

「那這個是鯖魚吧，跟那種魚長的好像喔。」我左看右看說著。手指頭還指著鯖魚，此刻有名老翁在旁說話了，「你看她們兩種魚身上的花色就不一樣。」說完他略有疑慮的說，「啊你怎麼會都不知道這些是什麼魚啊？」

他的問話，讓我剎那間顯得很尷尬，羞紅了臉，彷彿這在宜蘭是最基本透頂的常識，我根本是從外太空來的。不過還好後來又來了個阿桑，分散了注意力。這名阿桑騎著機車，直接在魚攤前熄火，他毫不遲疑，一把抓起兩尾小鯊魚。沒錯，是整尾鯊魚，我才注意到旁邊有籃全部都是鯊魚。「請問這要怎麼煮啊？」我有些吃驚，又當起好奇寶寶，問了問那名阿桑。「你就把肉切一切，炒芹菜、蒜苗都可以。魚骨頭煮湯也不錯啦，都很好吃喔！」

是啊，對我一個港都人來說，除了炒過鯊魚皮，吃過豆腐鯊，雙手還沒真正握過一尾真正的鯊魚呢。

見過了魟魚與鯊魚。我走到南興街口，農會騎樓前，這是間販售蛤蜊與吳郭魚，過去常光顧的小攤。這裡的吳郭魚不像其他市場擺在碎冰上，老闆娘放了幾隻養在塑膠桶裡，每天從養殖場帶來的那麼幾隻。所以，你只能當早起的鳥兒才買的到，不然就得預定。「這個魚啊，我用海水去養的，而且每個步驟都不曾省略。」瘦瘦高高的老闆娘說著，「吃過我們家的吳郭魚，你不會想吃其他攤的吳郭魚，光是我一個人，就可以吃掉兩隻。」她說得一點也沒錯，每次我只要買上她的吳郭魚，回家要從袋子裡抓出來時，我的手就會沾滿了滴下去像蜘蛛絲般的滑滑黏液，而且無需太多油量，就能煎出完美表皮。吃來沒有土味，只有飽含漿汁的甜美魚肉，所以那攤吳郭魚，亦經常出現在我們宜蘭的餐桌上。

當久違來到此地，再度回到這裡，我感到熟悉又陌生。我再度到泰山路吃起小籠湯包，排隊的隊伍依舊很長，過去我們都得刻意避開人群，才能享受美食，我記得第一次去那裡吃的故事。那夜他們即將打烊，我和先生不抱任何希望的問，「請問，還有小籠湯包嗎？」當時，那店家清一色皆為女性工作人員，其中一位探著竹籠，輕聲說著，「還有，要幾籠？」

就這樣，生平第一次吃到網路爆紅的小籠湯包。爾後認識，我也才知道她們的親屬關係，有母親、女兒、阿姨等。她們的脾氣極好，彼此感情也著實深厚。事後聽說，原本那天

宜蘭因天冷潮溼，最適合吃羹類食品

宜蘭的小籠湯包紅透半邊天

計畫要打烊了，但有人將剩下的一點餡料又做了幾籠。於是，我們成了那晚的幸運兒。自此開始，大家成為朋友，用餐時總會想聊上幾句，但也僅限於幾句，因為後面拿牌子等候的客人多到不能再多了，她們連喘息、上廁所的時間都不夠。

吃完小籠湯包的隔日清早，我們也是趁人潮湧進前，趕緊到廟埕巷子去吃魚丸米粉。米粉店早上六點就開始營業，老是座無虛席，當年只要有朋友來訪，這裡與小籠湯包皆為必吃名店。此外，北門口的蒜味肉羹、神農路的沙茶肉羹、文昌路與復興路的炸醬麵，也都是住宜蘭時常吃的料理。這次回來，康樂街的菜攤、昇平街的豆漿店，也都去打了招呼。當再見噶瑪蘭，品嘗點滴記憶悄然浮上心頭，往事又通通滿盈起來。寒風刺骨、陰雨綿綿、嬌柔的冬陽、晒不乾的衣服、溼漉漉的氣息，穿著雨鞋，和孩子一起踏玩著路上到處的積水；走過宜蘭高中旁的桂花道，嗅聞淡淡花香；在宜蘭河上，望著壯闊的滾滾河水發呆，還有在孩子校園裡，每天等候著那最後一株山櫻花綻放的風采。

我們一家人宛如又回到居住在民權新路那間三房兩廳大樓的日常生活。恬靜、質樸，吃著火鍋、麻糬，又四處訪幽的宜蘭那年。

FOLLOW ME
路得帶路逛市場

宜蘭南／北館公有市場

市場外的街道，是享受與小農互動樂趣之處，無數從員山鄉或深溝到此擺攤的農家，他們只要一只超低小板凳，地上帆布一攤，將腳踏車載來的各種蔬菜拿出來，就能做買賣了。

市場旁小 Tips

南北館市場

明治 45 年（1912）成立的宜蘭街食料品小賣市場，即為今日北館市場的前身。昭和 13 年（1938），宜蘭街進行市街改正，拓寬貫穿北館市場的光復路，北館市場一分為二，成為現今的南北館市場；而南館市場於 1980 年改建成今貌，現今的南北館市場也面臨場內冷清、場外熱鬧的境況。

康樂路

康樂路最能看出宜蘭市井的興衰榮枯。日治時期的康樂路名符其實，以豐富興盛的商街聞名，戲院、食堂、藝妓樓、旅館等，一番聲色犬馬、人聲喧囂，十分熱鬧。民國 70 年代以前，康樂路華洋百貨群聚，逢年過節，應景採購人潮，萬頭攢動；然而隨著南門外新生活圈的興起，康樂路如今已漸趨消寂。

▲這季節才有的小鯊魚

▼大溪與南方澳來的現釣海魚，各個眼睛亮晶晶

▲南館市場外觀

▲南館市場裡的小農

▲康樂路一隅

▲這裡的魟魚，可買整隻，也可零賣

如何抵達 自台鐵宜蘭站步行光復路至南北館市場只需 8 分鐘，約 500 公尺。但若從宜蘭轉運站，得往西走校舍路，至宜興路一段往北走，途中能經過耳熟能詳的幾米公園，於光復路往西就可以了，但約有 1.4 公里，全程大概 20 分鐘路程。南、北館位置相近，以光復路為中心，以北為北館市場；以南則為南館市場。

・由插畫家幾米進駐，彩繪製作的宜蘭車站外觀

北館市場

這裡吳郭魚沒有擺在碎冰上。老闆夫婦每天從養殖場現撈那麼幾隻，來到市場後就養在塑膠桶裡，等你看上眼時再現宰給你。由於離開海水養殖池不久，每隻都精力旺盛，生龍活虎，所以一下子就賣光光。

▲北館市場路旁的蛤蜊與吳郭魚店

北館市場旁有排小小美食街，賣的是餛飩麵、麻醬麵還有肉羹等。這條街坐落在新月廣場、台灣銀行與宜蘭美術館旁，故假日時分也吸引諸多觀光客前來遊賞。

▲宜蘭北館市場內的麵攤

這間魚丸店歷史悠久，除了台灣西部常見的旗魚丸、肉羹丸等，來到宜蘭一定得試試飛烏虎魚丸與鬼頭刀魚丸，皆是太平洋特有魚種。

▲著名的魚丸店

靠近北館市場的康樂路上，兩側常有些小農，他們的田地多半在離宜蘭不遠的員山鄉。由於他們專門販售自家種的蔬菜，賣的種類不多，但卻鮮脆十足。

▲一籃籃的新鮮蔬菜

凌晨製作好的豆腐、豆漿與豆皮，從早上 6 點就得排隊搶購。宜蘭人似乎早餐也愛喝些豆漿，配塊嫩豆腐。當然這裡也有非常熱銷的炸豆皮、臭豆腐，新鮮到咬下去就有豆漿濃郁的滋味。

▲這間豆腐店鋪，早上六點時段生意最好，十點便收攤

南館市場

宜蘭南館市場目前多以建物外圍攤販為主。建物本身僅一樓，以五金飼料雜糧為主軸，地下室則以新鮮豬肉攤為大宗，搭配菜攤、熟食攤或製麵所。

▲ 南館市場地下室有許多豬肉攤

宜蘭南北館市場裡的魚攤數量相當多，當然也會出現這類的批發魚種，魚販純賣魚，因此你得回家自己動動手。魚販省下來的時間，也在售價上回饋給消費者。

▲這攤魚價格較便宜，因為顧客得回去自己宰魚

追溯這個粉圓攤車的歷史，大約已五十多個年頭。這裡只賣白粉圓，不加任何其他料。冬天喝熱的，夏天喝冰的，就這麼簡單。但可別小看它，生意好得很，排隊的都是這裡的鄉親里民。

▲ 這攤白粉圓是我每到市場都必定買來品嘗的飲品

水針魚是一種細長尖嘴的發光魚種，可用以鹽烤或作成一夜干。我在西部的市場看到的水針魚體型都較小，卻在宜蘭這裡看到肥美壯碩的水針魚。

▲ 非常大尾的水針魚

宜蘭羅東

民生／開元市場

Ilan

後山

擁有木頭與小吃香氣的完整世界

月明的夜晚，加禮遠河恰如一條閃著鱗光的蛇，
扭曲身子，伸頭在海岸，輕輕舔嘗太平洋的鹹水……

——摘錄自李潼《少年噶瑪蘭》

落筆前，來來回回修改了好些時候。我想提到愛鄉愛市井的黃春明，卻發現只要是與宜蘭羅東相關的文章，免不了都已抬出大師封號。我想寫過世的作家李潼，當他還是以作詞人賴西安的身分出現時，我就聽了很多年由鄭怡唱的〈月琴〉。她細緻又高亢的樂音，悠悠唱起：

「再唱一段　思想起
唱一段思想起　唱一段唐山謠
走不盡的坎坷路　恰如祖先的步履……」

但想寫是想寫，李潼的情況與黃春明差不了多少。他所著《少年噶瑪蘭》的身影，流過每個眷戀宜蘭土地之人的筆下，我似乎連插個話的位置都沒有。

那到底該如何是好呢？羅東，明明是我去過無數次的小鎮。從宜蘭坐區間車，只需十分鐘，票價十五元。區間車會在二結、中里停個一至二分鐘，然後就到了。有時到蘇澳、南澳，也會經過羅東。我不斷搜索對羅東的印象，對我來說，羅東，幾乎就是兩個字——木頭。確實，在我心中，那是個充滿木材香氣的地方。

坦白說，我也並非真的在街頭上就聞到木頭的香味。誠如黃春明在

《羅東味》裡提到的瞎子，從台北發車的火車才過四結，他便知道羅東要到了。旁人問他，他很巧妙的一句話：「那麼傻，用鼻子聞也知道。」我的鼻子沒有那麼靈，尤其冬天還常常過敏鼻塞，但或許剛好我每次到羅東時，幾乎都應孩子需求往林場跑。於是木頭的味道便取代了羅東的印象。我記得宜蘭當年，孩子仍稚嫩，他常把林場掛在嘴邊，他說，「馬麻，我好喜歡羅東林場喔。」問他為什麼，他會停下手上滑行的車車，小腦袋瓜兒很用心思考的樣子，然後回答，「那裡有鐵支路（台語說法），然後有很舊的黑色火車頭，像你給我看的北極特快車那種。然後有個很大很大水池。然後裡面躺很多樹。然後有小木頭那種溜滑梯，我可以溜下來。然後我可以跟其他小朋友跑來跑去，很好玩的地方。」

即便說了一大堆「然後」，但認真看來他說的一點也不差，羅東林場呈現的正是百年前伐木興盛的樣子。清朝時已有一批移民自台灣西部越過中央山脈抵達羅東。在溪北的泉漳械鬥後，大批漢人越過蘭陽溪，進入溪南屯墾，但也衝擊到平地的噶瑪蘭族，間接擠壓到高山的泰雅族人，但溪南的水田稻作畢竟墾植出來了。日治時期，日本人積極採伐太平山區紅檜、鐵杉等參天巨木，由蘭陽溪經水流運送到員山鄉。一九二四年，八堵到蘇澳的宜蘭線鐵路通車，另一方面，以索道與輕便鐵路交錯使用的羅東森林鐵路亦興建完工，於是，水運變成陸運，林木們的一趟遠程旅行即將展開。透過鐵路，經土場、天送埤、歪仔歪，到羅東林場內的竹林車站。羅東的松羅碑成為當時一大貯木池，這些珍貴林木下山後在羅東稍做整

羅東林場的蒸汽火車旁為遊客休息區

羅東車站到民生市場，
步行約十分鐘即可抵達

理，再自羅東搭火車前往基隆，轉搭船隻飄洋過海直航日本。

羅東的木材業興盛，大致上也形成與嘉義阿里山林場類似效應。羅東車站木材行林立，正如嘉義車站，那些年頭，日本人覬覦台灣珍貴林場，但也因此大手筆予以都市化交通建設。當然，羅東就此改頭換面，由農業轉型為商業繁榮之都，吸引各地木材商人到此。而與羅東台鐵車站距離約六百公尺的民生市場，源自於一九〇二年的羅東街食品料小賣市場，那時也因強強滾的林業，益加熱鬧。

羅東的飲食，與宜蘭大同小異。整個蘭陽溪的南北兩岸，基本上屬同源飲食文化，小吃特產非常多，每樣都有其特殊性。因著祭祀、炊粿種類繁複，而夏季短、雨季長，氣候又寒冷，伐木或農作皆需大量體力，需要熱量高又不易受潮腐敗的食物，於是他們學會將水果做成蜜餞，鴨肉製成鴨賞，用以方便保存。也發展各種口味的肉羹、勾芡料理，只要高湯滾得夠開，下粉，做成羹類，就較不易冷掉，熱量也夠高。另一些熱量高的食物，燻味肝膽、臘肉，以及卜肉、糕渣、龍鳳腿等炸物也因應而生。卜肉是去油脂的豬肉條；糕渣是裹粉的高湯塊，用雞肉、豬肉加入些微海鮮熬成的高湯，炸出來的成品倒像黃金炸豆腐；

龍鳳腿是絞肉、洋蔥、高麗菜混合粉漿油炸而成。這些炸物在寒冷之時是迅速提供熱量的食物，往往表皮回溫了，但咬下去依然燙口。

早期農作勤儉刻苦生活下，也有另一種代表性食物——西滷肉。這是一道沒有肉的料理，只是將做菜時各種剩下的配料切成絲，再勾芡。若覺得單調，索性加些金黃色的蛋酥，視覺上就很澎湃了。

市區中心的民生市場是一棟現代化八層樓的大樓，由於原先市場老舊，便在原址民生路上改建，二〇〇五年才完工啟用。市場大樓內除了一般傳統生鮮、蔬果行、蔗燻豬頭皮、生魚片、紅豆冰等，樓上也有大型百貨、家居館採複合式經營。基本上，市場內部的攤位並非太多，魚攤倒是占了不少，不過買菜的話，大都會多比較，免不了仍傾向往外圍攤販走。民生街上，就有好幾個小農，各種蔬菜都有；而民生大樓面前的中正街，概括來說，因受到旁邊夜市影響，生活服飾用品居多。中正街往南直走約四百公尺處，快到南門路，才又開始出現菜販、水果販與魚販。南門路即為羅東聖母醫院與羅東國小附近清潭路的開元果菜市場。

民生路繼續往西走三百五十公尺，會遇到中山公園與公園路，這周遭為著名的羅東觀光夜市，於公園南面的民權路，愈夜愈美麗；經典夜市小吃名店——當歸羊肉、臭豆腐、卜肉、炸雞、米糕、龍鳳腿、滷味，大都得排隊，得先做好心理建設。廣泛來看，民生路的民生市場、清潭路開元市場以及環繞中山公園的羅東觀光夜市，可說幾乎連成一氣，足以讓你從早逛到晚。

逛民生市場時，訪談得知這裡與宜蘭市南北館相同，漁產皆來自於大溪、蘇澳、南方澳，只是羅東離南方澳更近，因此也更取得地利之便。

這季節的打骨仔及馬加魚非常多。一個魚攤老闆告訴我，這兩種魚在此時節多得不得了，有時候打骨仔魚很大一尾，一般小家庭吃不完，他們就會將之切塊販售。民生市場的中正街也有牛舌餅店，我第一次吃到宜蘭口味的牛舌餅，是在大學時期，當時同寢室有個同學，就是南方澳人，後來她結婚的對象，正是羅東人。大學時每回放假回家，她一定會帶牛舌餅與冷泉羊羹來請大家品嘗，她總是說著，「我們家那裡就有間牛舌餅工廠，我從小在那裡長大，知道他們的餅何時出爐最好吃，所以這些餅都是剛出爐的。」我也是自那時候起，才明白台灣東部宜蘭的牛舌餅，竟然與西部鹿港的有所差異。鹿港的牛舌餅，反而較像台中太陽餅或北港奶油酥餅，咬下去口感偏軟，當然酥皮沒有那麼多層次就是了。但宜蘭的牛舌餅，根本來說是餅乾的一種，也內含多種口味：蜂蜜、海苔、芝麻或是黑胡椒，多數人都說老元香是牛舌餅創始者，但普遍看來，宜蘭人做牛舌餅似乎已到爐火純青之地，倒也大同小異，只是除了原先厚度的牛舌餅，近年來也發展出更響脆的薄餅。

市場內的魚攤廣布

市場外圍的小農

切好的打骨仔魚塊

走到南門路，生魚片的招牌醒目的立在路旁，又是一間漁產店。我說，其實宜蘭除了鴨肉，海鮮還真是不可多得的珍饌。這攤冰上的魚格外不同，有種魚隻，魚鰭同水族館裡的熱帶金魚般，垂著數條細長的絲帶，只是他的表皮並非觀賞用的彩色，而是亮銀色。我問了老闆，他也說不上來魚名，我原先以為是皮刀魚，但覺得似乎不太像，那飄逸的魚鰭說明了一切。回家後，請忠心的谷歌先生查了許久，最後才真相大白。那是印度絲鰺魚，又有個柔情小名——長吻絲鰺，煮紅燒或豆醬都屬珍味，即使是只加了米酒薑絲的清蒸，也讓人吃了還想再來一尾。

傍晚時的羅東，多數「一串心」的攤販會開始營業，這是羅東人另一種晚餐前的小吃零嘴。作法是以空心的油豆腐，包上店家自製的滷味，如粉腸、豬肺、香腸與叉燒肉等，再加幾葉香菜，以竹籤串起而成。據說以前是三串十元，現在則是兩串十元。

民生市場外，在東北季風強勁的冬天，也能吃到「燒燒」的紅豆湯圓，當老闆端來時，得要呼呼吹好幾次才能吃下去一口，然後身子馬上暖和起來，覺得外面的風不那麼難受了，被雨弄溼的褲管也好像無所謂一般。難怪在宜蘭住的那年我也腫了一大圈。林場肉羹、夜市小吃、炊

南門路上黃昏市場的魚攤

宜蘭牛舌餅

粿、漢餅、深海魚、熱湯圓、龍鳳腿等美食羅列，不胖也難。

如今，羅東有了仍保留林木香氣的林場文化園區，又額外興建文化工廠、運動公園。在這個全台灣鄉鎮面積最小，人口密度又最高的地區，以它自身環境優勢，及羅東人的勤奮努力，讓全台灣的人都看見了它。作家黃春明在一九七四年出版的小說《鑼》，主人翁憨欽仔自中山公園開始，便走過振泰街、民生市場、羅東車站、羅東國小等。順著書中的文字，大抵將羅東舊城走了一遭，憨欽仔也彷彿躍出書中，活生生成為你的嚮導兼好友。我忍不住想到這個自稱是羅東街仔人的文學大師在《鑼》自序中提到的一段話：

「我想，我不用再飄泊浪遊了。這裡是一個什麼都不缺的完整世界。我發現，這就是我一直在尋找的地方。如果我擔心死後，其實這都是多餘的。這裡也有一個可以舒適仰臥看天的墓地。」

好個可以舒適仰臥看天的墓地。

致　羅東

——擁有木頭與小吃香氣的完整世界。

FOLLOW ME
路得帶路逛市場

宜蘭羅東民生市場

市場大樓內除了一般傳統生鮮、蔬果行、蔗燻豬頭皮、生魚片、紅豆冰等，樓上也有大型百貨、家居館採複合式經營。基本上，市場內部的攤位並非太多，魚攤倒是占了不少，不過買菜的話，大都會多比較，免不了仍傾向往外圍攤販走。

▲民生市場外面鋪滿了小農的蔬菜

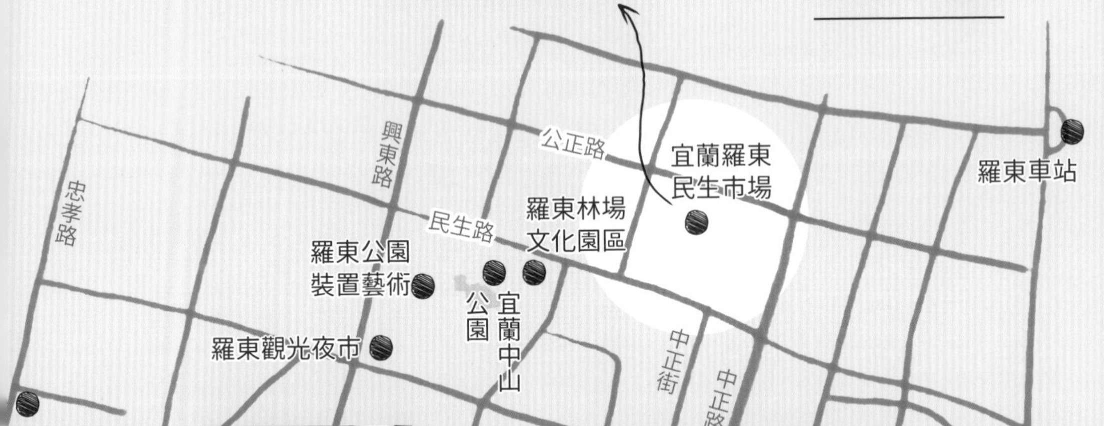

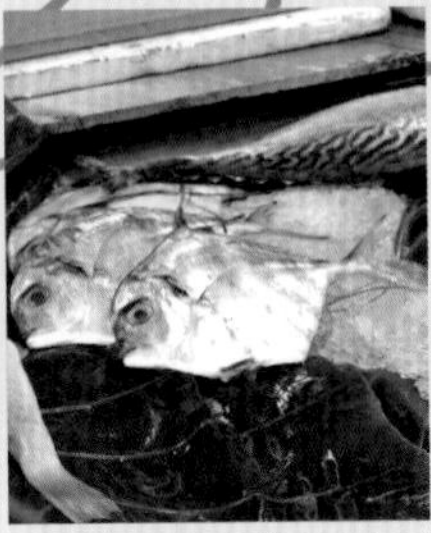

▲印度絲鰺魚在南部市場很少見

▲市場大樓前的民生路，再過去便是羅東觀光夜市

如何抵達 羅東民生市場位在民生路上，自羅東車站步行只需500公尺。由公正路，至五條通左轉中正路，就會看到民生路，右轉即可。或者，若是以車代步，可直走公正路，左轉接長春路，直行，直至民生路左轉，再直走即達市場。車程約5分鐘。另外，從民生市場前的中正街往南直行，至南門路，即可抵達開元果菜批發市場，亦只有550公尺。

・羅東台鐵車站

宜蘭羅東 民生市場

冬天的時候，這裡的紅豆湯圓店，從遠遠的街道就能看到一縷縷輕煙，任誰都會被吸引進來休憩取暖。這裡的紅豆部分熬煮成糜，部分留有顆粒，配上柔軟的湯圓，真是回味無窮。

▲紅豆湯圓店

蘭陽地區的櫻桃鴨、蔗燻鴨等料理非常有名。宜蘭人在習俗上用甘蔗與糖製作這些滷味小菜，除了雞鴨，還有香腸、臘腸、豬頭皮等五花八門的料理項目。

▲蘭陽有名的雞鴨熟食店

民生市場大樓裡，有這類大型魚種生魚片專賣店。這裡的魚會以極低溫保鮮，若買來馬上切下品嘗時，仍吃的到魚肉中央稍微凍霜的層次感，在舌尖入口即化。

▲大型的生魚片店

\ 市場旁小 Tips /

羅東林場文化園區

位於宜蘭縣羅東鎮中正北路的林場文化園區，其占地約 20 公頃。日治時期太平山伐木事業興盛之際，此處便是羅東地區的木材集散地。園區內規劃有自然生態池（貯木池）、水生植物池、水生植物展示區、運材蒸汽火車頭展示區、森林鐵路、環湖木棧道等設施。環湖步道緊貼池塘邊，全長約 1800 公尺，緊鄰東部幹線鐵道，可近距離觀看火車飛馳而過的景象。沿湖走一圈約十來分鐘。

這間雞商是位在中正街附近，也就是民生市場與開元市場的中間。如果你家是住在豪宅農舍，那麼肯定能購買上幾十隻小雞，在自己的農舍旁飼養最天然長成的放山雞。

▲成群的小雞，你可以買回家自行飼養

▲宜蘭山上的柑橘園很多

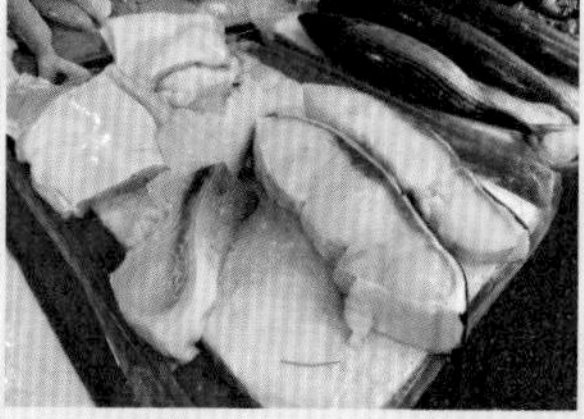

▲後山地區吃豆腐鯊的非常多

▲小籠湯包店

FOLLOW ME
路得帶路逛市場

宜蘭羅東開元市場

到了南門路，生魚片的招牌醒目的立在路旁，又是一間漁產店。我說，其實宜蘭除了鴨肉，海鮮還真是不可多得的珍饌。

▲開元市場附近菜販

▲中正路沿路旁就有一籃籃鮮魚可供挑選

▲擀麵皮的工具

▲從民生市場走到開元市場，路上的菜販

▲市場外街道鋪滿了蔬果

▲路旁的水果攤

如何抵達　羅東開元市場位於清潭路上，距離民生市場約需 550 公尺。若從羅東車站出發，可直走公正路，接和平路，持續直走到底，左轉即達市場。步程約需 10 分鐘。若是以車代步，則可直走站前路，繼續直行站前南路，接南昌街，直走即達。車程約需 5 分鐘。另外，若要從開元市場前往民生市場，可直走中正路，經中山路三段左轉，接中正街右轉，直走直至接民生路，左轉即達民生市場。步程約需 7 分鐘。

・開元市場招牌

開元市場主要是宜蘭溪南地區最大的批發市場。因此就算開元市場已結束營業時間，附近仍有許多的菜販與水果販聚集。

▲開元市場旁的菜販

從民生市場沿著中正街往開元市場走，沿路仍有些攤販貫穿其中。這間大型水果攤便是其中一間相當醒目的店鋪。水果果類非常多元，還高高地掛起香蕉，若想喝現榨果汁也有賣喔。

▲大型的水果攤

羅東聖母醫院旁，有個小型的黃昏市場，由於抵達時候尚早，雞肉攤上面的雞隻還密密麻麻地擺放，還有分類好的雞腳、雞胗、雞翅、雞腿等，這裡的雞肉堪稱台灣黃金雞。

▲鄰近羅東聖母醫院旁的雞肉攤

要看麵條如何製作，開元市場附近的小型製麵工廠就能看得見。大型製麵機從擀麵，調整麵條厚度，切麵，選擇麵條寬度等，皆有程序。這裡能看到完整流程，也能吃到第一手的麵條。

▲ 市場的小型製麵工廠

\市場旁小 Tips/

愈夜愈美麗——羅東觀光夜市

由民生路、民權路、公園路、興東路圍成方塊狀的羅東觀光夜市，是當地逛街購物的中心，也販賣各種傳統風味的小吃、商品、平價服飾店、鞋店、小吃店等；還有龍鳳腿、台灣鹹滷味、包心粉圓等各式聞名全台的小吃料理，其中以肉羹番極負盛名，以獨特風味的肉捲打響名號，吸引不少民眾前往品嘗。羅東觀光夜市最為人印象深刻的就是整排齊整的店面，各家的餐桌擺設則放置在每一個店家的前頭，這種排列方式在其他地區並不常見。同時「羅東觀光夜市」在夜晚更加呈現美麗紛騰的氣氛，也帶動了周遭商圈的發展，在這裡得以找到許多平價的店面，提供血拚一族最佳休閒消費的好所在。

▲羅東博愛醫院旁的黃昏市場魚販

▲羅東的巷道

▲綜合菇類與秋葵

台東市
中央市場
Taitung

後山

寶桑庄的市集

你若來台東　請你斟酌看　出名鯉魚山　也有一支石雨傘
初鹿之夜　牧場唱情歌　紅頭嶼　三仙台　美麗的海岸
……

——節錄自沈文程〈來去台東〉

當鼎東客運在東四十六鄉道往北走時，我看到一幅奇異的景象。車子，沒幾輛；路人，也極少。遠方背景是像緬甸玉色澤的中央山脈，矗立在海洋藍的清澈天空前，當下是五十米寬的鄉道，被左右兩排的台灣欒樹所包圍。

十月，台灣欒樹的枝枒，結滿了呈玫瑰紅色、澎澎的蒴果，還夾雜整株金色的黃花，放眼望去全部都是，遙看，我還以為來到秋楓蕭颯的奧萬大森林公園。也許因為不是假日的關係，整個視線沒有人為的影子，我好似看到珍藏在美術館裡，那撼動人心的絕世畫作。

我其實正要離開台東，但卻被這突來的美麗震懾住。藍，藍的澈底。綠，綠的乾脆。黃，也黃的深奧。就連那不是很鮮豔的紅，都內斂的挺有格調。我想，我該多留一會兒，留到將這美景深深烙印在我心裡時，再走也不遲。

台東市面太平洋，地形上屬於卑南溪等諸多河流注入大海的沖積扇平原。主要為卑南族與阿美族的活動區域，北邊與西邊分別是海岸山脈與中央山脈。荷蘭人因金礦的傳說而踏上台東市的土地；清治時代因漢人移入，故稱之「寶桑庄」，後數度易名，才為現在的台東市。直到今

這條路再往前便是機場

台東車站此時正開滿台灣欒樹

日，市區的地圖上，仍有「寶桑路」的存在。

中央市場距台東車站約六公里，乍看之下，怎會如此遠，不太符合鐵道旁的老市場原理，但實際上市場離鐵道藝術村則只有六百公尺。鐵道藝術村正是台鐵舊站前身，一九二二年日治時期以「台東驛」之名啟用，二〇〇一年正式廢止遷往目前新站。台東新站周圍較不如市區活絡，所幸現在往市區的公車班次很多，解決了我這外地人的困擾，於是我一路順利地抵達中央市場前。

中央市場的木製招牌位在中山路上，市場介於中山路、正氣路、復興路、光明路所圈起來的區塊裡。正氣路另一頭是赫赫有名的台東觀光夜市，白天是零星菜攤、果販，夜晚來臨時搖身一變，整條路精彩的夜市小吃讓你盡興地吃到飽。從正氣路往西北方望，就能看到雲彩環繞綿延的山脈，那正是這裡的特色，隨便哪個畫面裡都有遼闊重疊、風情萬種的山巒。

市場興建於一九六三年，以蔬果、鮮魚、豬肉、雜貨等分區使用。另有小吃部與衣服修改鋪，我從正氣路夜市那頭走過來，經過釋迦專賣攤，桌上放置約拳頭兩倍大的釋迦，上面寫著自產自銷。蔬菜的到貨量豐沛，幾乎每攤青菜都疊得高高的。自復興路走進，整條路好像剛被大水沖過，滿是水氣。我走到市場入口處，被身邊一個個海鮮攤淹沒，毫無疑問的，這裡的市場，海產攤數量最多。一大箱一大箱從漁港運來的魚貨，在這裡大剌剌地排開，南太平洋洄流魚群，果然與西部平原迥異。我停在一大塊上面顯然被魚叉戳傷的魚塊前面，這魚塊看來挺厚，有著如同鰻魚般，光滑富含膠質的魚皮，只是呈雪白色。

乍一看原來是巨型魟魚，分成大塊大塊販售著。這魟魚屬軟骨魚類，我在宜蘭市場也看過整隻的，只是小小一隻，沒那麼龐大。回家後查了查資料，才曉得這魟魚做紅燒或三杯，都是美饌。另一方面，魚攤老闆正切下土魠魚，我繞到他身旁，看到下方擺著兩箱保麗龍，還配有泡泡氧氣，裡面養著小黑魚，數量很多，尾巴搖得很厲害，我認得，那是鯽魚。說來有趣，我甚至感受到牠們的快樂與活力，游來游去。在高雄的市場，鯽魚是沒有氧氣伺候的，他們常跟吳郭魚躺在同一區，微弱地呼吸。

除鯽魚外，另個橘紅色的魚種，摻在小黑魚裡很好認，她也從容地游泳。「那是紅色的吳郭魚。」老闆說著。「另一箱是鱺魚。」

「我們的魚都從富岡漁港來的。」

「富岡，就是那個可以往來綠島與蘭嶼的漁港。」我想到一些介紹。

老闆溫和的笑了笑，低頭繼續工作。「那這兩箱也是從富岡來的嗎？」我指著保麗龍裡的

市場入口處魚攤

雖只有半條大魟魚，但也挺重的

台東遠赴盛名的頂級釋迦

魚問。

「毋是，是魚塭啊。在河溝尾、呂家溪那附近。」老闆仔細說明著。

「那又是哪裡？」我一頭霧水，準備打破砂鍋問到底。

「靠近知本那裡。」老闆後方有位約略中年，但具有波希米亞風的老闆娘開口了。她高雅地坐在椅子上，花裙飄盪，她有頭及腰長髮，梳成兩條辮子掛在胸前，這時我正視到她的生魚片攤，如日式風味食堂。後來她告訴我，只要是大型魚種十之八九皆來自於成功漁港，像她們家的生魚片。

「按內我就了解啊。」我恍然大悟，對面前這個魚攤老闆說。「拍謝啦！我不是台東人。」

「我哉啦！無要緊啦。」老闆表示釋懷，仍笑著，又招呼起其他客人。

我又走了幾步。盡是海產。黃花魚、加網魚、黑鯧魚、金線魚，秋刀魚，還有主要在太平洋海域的鰹魚、鮁魚、外海的鬼頭刀。

「這要認識也認識不完。」這魚攤大姊不忌諱地告訴我。「連我這賣魚的賣了幾十年，還是很多叫不出名字。」

心中頓時癢癢的，如果能帶尾鬼頭刀或鰹魚回家當晚餐該有多好，這些太平洋魚種，在高雄的市場並不常見。我邊走邊想著食譜，魚肉取下可以油煎魚排，只要用文火慢煎，一定香噴噴；或用以火烤，稍微醃過再放上烤盤，又是不同味覺層次；切成魚磚做醬燒也不賴。至於魚頭與魚骨頭就煮薑絲味噌湯，下點豆腐更是絕響，要熬成魚粥也讚到不要不要的，到時候號召親友們前來品嘗。哇！從寶桑庄來的太平洋盛宴，光聽名字就令人眼亮興奮不已。

心，飄遠了，又被整排金黃的卵、超大魚肚、中卷、虱目魚拉回。我又來到另一攤，被整隻灰黑色大魚吸引。「這是石斑嗎？」我問。

魚攤太太正幫名黑衣男子秤螃蟹。她轉過來看了一眼，說，「龍膽石斑。」

正當我準備按下快門時，黑衣男子走進攤位裡，他戴上從口袋拿出的酷型墨鏡，熟練地將整尾魚抓起。「這樣拍才有型啦！」他提議著。

於是我很快地拍了幾張照片。「這樣拍好像這尾魚是你釣到的喔。專業釣手。」「你就當我是路人甲好了。」黑衣男子客氣地說。但果真他是內行者，這樣的角度，龍膽石斑完美呈現。

我終於將魚攤逛完，近六十攤，也夠累了。

細長型的鬼頭刀在
西部市場比較少見

大型魚之魚卵，
可供海產店販售

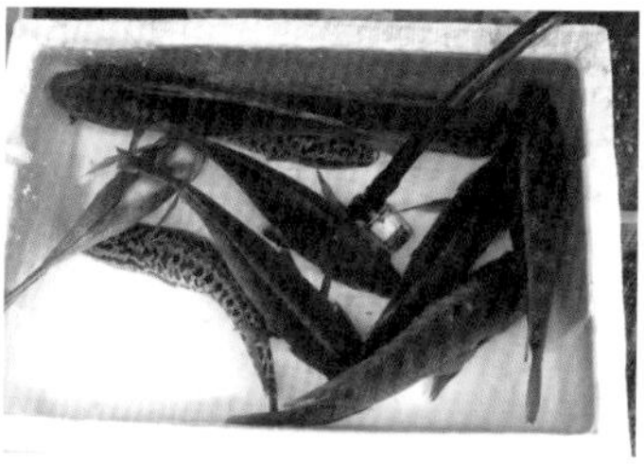

養殖的鱺魚

這間牛肉攤的老闆娘
舉手投足都像個藝術家

這隻大海鱸魚
被墨鏡大哥一把抓起

老闆正認真馱著雞肉

再來是肉攤。豬肉的量亦很嚇人，每攤前都掛滿了各類豬肉，後頭還有人手繼續分肉。

雖然有點紊亂，但亂中有序。豬肉攤後是幾攤雞肉鋪。包著頭巾的雞肉販，台前沒什麼雞，在客人來訪後，才從冰箱裡取出一隻隻放山雞。「我就是要確保牠的新鮮度。」他極為自信地說著。

牛肉攤也有。攤位前，兩邊各掛了根牛骨頭，大概是要驗明正身用。這肉販阿姨，怎麼說呢，我怎麼覺得她好像站在藝廊比較搭配。她有一頭很時髦的髮型與眼鏡，像名法國藝術家或策展人，她那條圍在脖子用來擦汗的紅毛巾，倒像極了裝飾品，圍法就像條名牌絲巾。

「台東的。我們台東養了好多牛喔。」她用很輕柔的聲音說完，隨即將毛巾圍好，再用力地刻下手頭上幾片牛碎肉。

即使如此，我還是覺得她比較像藝術家。

終於四十多間豬肉攤也走完。我經過菜攤、雜貨乾貨店，逛到小吃部。陽春麵、米粉、肉羹、米苔目等，還有像自助餐的店家。當地人，三三兩兩，圍桌坐著，老闆就在後邊大廚房炒著菜。原住民朋友那頭，桌面一定會有幾瓶台啤，他們笑開了嘴，耳後看來已泛紅灼熱。

我在一間麵攤停下。一位年約五十歲，個頭很迷你的老闆娘，她總是笑咪咪，熱心的與每個客人聊天。「歐伊系喔！」她看到我說著。我應該不像日本人吧。我站到她身邊，看著她俐落地煮著麵條。「我煮三十年囉！」她看來依舊很喜樂。「我媽媽煮了二十年，所以我們家煮麵也有五十年了啊。」

「這兩天不是有國慶煙火嗎？」她與我聊開了，就繼續對我說。「有好多觀光客都來這裡吃。」

「來，想要吃什麼？」我端倪了菜單。她見我安靜，又說，「有位北部客，說她找了好久，只為吃我們家鹹湯圓。」

「這樣啊。」她煮好了兩碗麵，加了顆滷蛋，灑下青蔥香菜。隔壁桌的原住民大哥留著閃亮波浪長髮，好像漫畫裡的人物，他立刻站起來幫忙端了過去。「我可以自己端耶。」老闆娘看著他以平穩的雙手將湯碗放在桌上，便放心地走回工作台，「你這樣我是不是該算你便宜點。」她開玩笑地說著。

接著她告訴我，「我們家米苔目是純米的，我大哥每天手工做的喔，也很大推。」這時她已煮好了我的麵。端來給我時，我才注意到她的手有點搆不到餐桌上。

「妹妹，好吃嗎？」她讓我靜靜品嘗了一陣子，走來問我。

「好吃。好吃。」我摀著嘴巴，口裡還咀嚼著東西說著。

滷蛋是現煮，油豆腐與乾麵都飽足地吸入醬汁的味道。芹菜、芫荽、韭菜，因為是現

阿蘭姐麵攤的麵條與米苔目一級棒

多色蔬果躍入眼前，令人眼花撩亂

切，在最後放下時，與麵條拌在一起，遂散發出很濃的香氣。老闆娘還附了碗清湯給我，說是清湯，但卻是牛奶色的大骨高湯，上面還浮著一層油膜，沒有稀釋過的。

「好吃的話，下次來台東時再來找我呦。我叫阿蘭。記得來找阿蘭姐喔。」她自始至終面帶微笑地說。

「阿蘭姐嗎？」我喝完最後一口湯，正滿意，便豪爽地回應。「好，就來找阿蘭姐！」。

只見老闆娘露出雀躍的笑容。「歐伊系喔！」

離開寶桑庄的市場，我走向公車站牌。我想台東人是含蓄羞澀的，市場裡雖多屬漢人經營者，但也許常與樂天知命的原住民朋友接觸，能感受到他們的熱情溫暖。我在市場外販售原住民佩刀的店鋪旁拍了幾張照片，又看到那如癡如醉的山脈天光景色，這塊土地乃台灣最後開發處，正因如此，讓這裡得以保留著原始海岸、林場風光，成為難得一見的一方淨土。

現在，我站在台灣欒樹前，不急著走。

我還想多待一會兒，等到滿足了，再去搭車。

1. 車站旁就能看到小山丘與清澈無比的天空
2. 市場旁就有高聳的老樹
3. 市場旁的磨刀店，也有原住民用配刀

台東市中央市場

市場興建於 1963 年，以蔬果、鮮魚、豬肉、雜貨等分區使用。另有小吃部與衣服修改鋪，我從正氣路夜市那頭走過來，經過釋迦專賣攤，桌上放置約拳頭兩倍大的釋迦，上面寫著自產自銷。

市場旁小 Tips

台東鐵道藝術村

位於台東市鐵花路的台東鐵道藝術村，此處原是台東往返關山的終點站「台東舊火車站」。1982 年東部鐵路拓寬後，增設山里、卑南兩站，1991 年南迴鐵路通車後，卑南站改為台東新站，將台東舊火車站進行裁撤，因此舊火車站正式走入廢站歷史。後經政府聯手整頓，將舊站幾經翻修，並將原本月台區打造為「鐵道藝術村」。

經歷八十餘載的舊站，如今搖身一變成為藝術家們齊聚的靈感殿堂。其結合歷史建築、旅遊休閒等多元文化空間，原汁原味呈現早期驛站風貌，吸引不少創作人才在此交流、發聲。

此外，台東鐵道藝術村周邊還有誠品書店台東故事館、鐵花村音樂聚落等熱門景點，皆是往來遊客必納入口袋的旅遊名單。

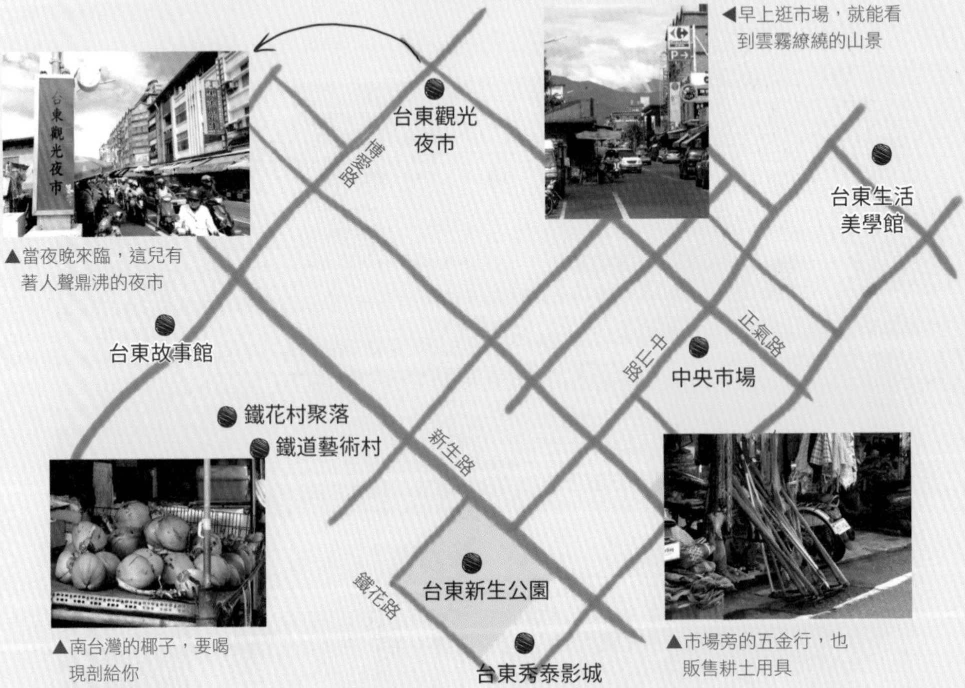

▲當夜晚來臨，這兒有著人聲鼎沸的夜市

◀早上逛市場，就能看到雲霧繚繞的山景

▲南台灣的椰子，要喝現剖給你

▲市場旁的五金行，也販售耕土用具

如何抵達 從台鐵台東車站至中央市場約 6 公里。出台鐵車站後，往市區的公車，多半會抵達中央市場。如鼎東客運 8101、8118 等，車程亦在 30 分鐘內。若是以車做為交通工具，出站後，建議可走興安路一段，接馬亨亨大道直走，直至看到中山路右轉，再左轉接正氣路，直走即達。車程約 20 分鐘。另外，車站離市場較遠，不建議步行。

・中央市場臨路外觀

台東市 中央市場

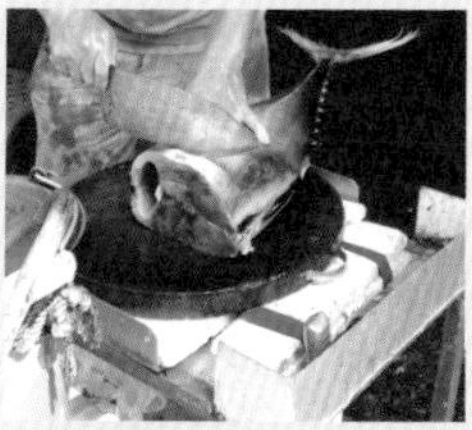

台東的富岡漁港為親潮與黑潮交會處，且為台東前往綠島、蘭嶼等地之轉運站，因此魚群種類豐富。中央市場的魚攤多半自富岡取貨，因此常能見到西部沒有的魚種。

▲你要多厚的土魠魚，馬上切給你

中央市場裡的攤販很多，放眼望去壯觀非常，魚攤一整片，菜盒子一整區。諸如這間豬肉攤，琳瑯滿目的肉類，到處掛滿內臟、豬肉等，即便如此，也不怕你近看、細看，因為就是有夠鮮。

▲掛滿豬肉、豬內臟的肉攤

市場內的自助餐店，也常是我經常關注的焦點。這攤自助餐老闆的大鍋瓢，就在這排料理的後頭。他一面炒一面賣，賣完再炒，炒完又賣，畫面相當動感，很有溫度。

▲市場內美食區的自助餐老闆，現炒多樣菜色

阿蘭姐是位年約五十、個頭很迷你的老闆娘。她總是笑咪咪地與客人聊天。這裡有賣陽春麵、米粉、肉羹、米苔目等，她們家的春捲皮到了清明更是供不應求。

▲阿蘭姐的春捲皮，每到清明是大排長龍

像這類榕樹下的冷飲店，對都會區的人們來說，應該只停留在孩童記憶或電影場景中。這間冷飲店上頭的紅色毛筆字跡已斑駁脫落，但你還是依稀能看到紅茶、冬瓜茶與青草茶的字樣。

▲非常古早味的榕樹下冷飲店

早期傳統的柑仔店，演變成這類的糖果餅乾店。在大型都會區鮮少見到，大概只在辦年貨的地方才會出現。

▲市場旁的糖果餅乾店

▲美食區的自助餐

▲從成功漁港來的大型魚，可做生魚片

▲麵攤是主顧客的最愛

幕後特輯

PART 03

終於走完了一圈台灣市場，雖然仍有太多市場不及備載，但故事還沒有結束。我依舊向著廣大的市場走著走著，像英文說的「Keep walking」，日文說的「歩き続ける」。我會在往後的日子，持續用生命探索每個在地市場。

這次寫作的市場目錄，是自北至南排列，但實際上待了四年之久的台中，乃最後書寫。照片部分，則是宜蘭地區直到近日才補齊。

宜蘭，在高雄的對角線位置。原本旅居宜蘭那年，賣力拍了各個季節豐富的照片，心想正好派上用場，但沒料到，心裡最不想遇到的還是遇上了。那顆儲存照片的硬碟在此關鍵時刻掛了，找了各種方法，最後宣告放棄急救。

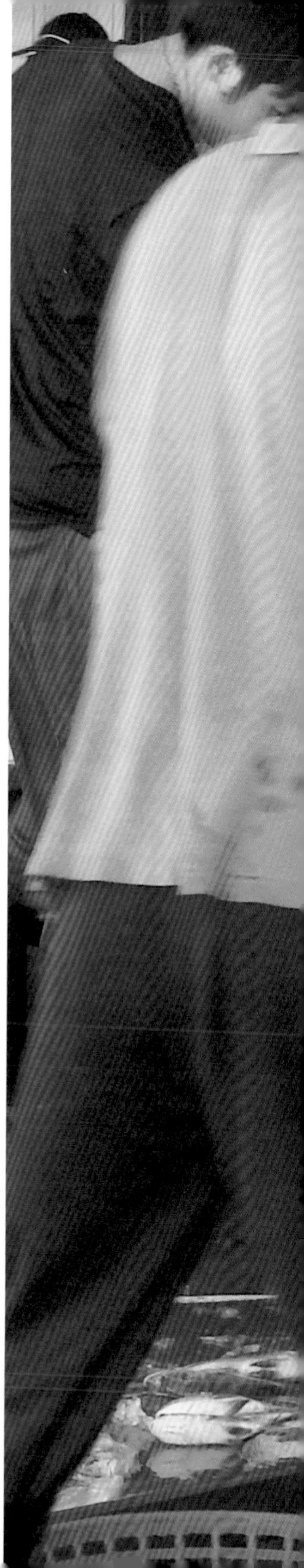

1｜2

1. 一群青蚵嫂正致力於挖蚵工作
2. 整摘下來黃澄澄的破布子

為了還原當下走訪市場的心情，就這樣，我踏上全台灣市場之旅。一站一站，隨時找到時間，揹著相機就出發。我用雙腳將台灣市場再次走過一遍，趕著火車、錯過公車。使勁跑著、追著、喘著，好像拚了命，片刻不得停歇；累了，火車上呼呼大睡一場，醒了再戰。

誠如前言所述，這些市場其實多數為這些年來的旅行經驗，但卻是為了更貼近目前狀況的影像，才啟動了這次旅程。坦白說，我也將此份市場紀實視為我必須完成的使命。

幾回下來，我赫然發現，我在市場裡找到了台灣人的真味道。雖然有時髒亂，有時帶點無厘頭。但我卻瞧見了那裡的脈動，毫無遮掩的，呈現在我眼前。我感受到那裡的民情風俗，了解當地人的思考模式，也吃到獨一無二的地方味道。原本立意只是要書寫市場，卻沒想到自己收穫更大，我覺得我的思想被柔化，靈魂亦被大力搖晃震動；我與哀哭的人同哭，也與歡笑的人同笑。過去我抱怨自己的苦難，但如今我卻體會到自己的難處與這些市場人相比，竟是何等微不足道，也許連他們的百分之一都不如。這些人的故事，確實成為市場最堅韌的一塊基石，也因而牽動著我，想哀悼這些人所吃到的苦，疼惜他們所掉的每滴眼淚。

現在，這本《台灣味菜市場》，走到這裡將告一段落。在我收拾書稿，交付出版之餘，我該做的是好好整理自己的心情，好好地告別這本市場寫作之旅。我打算沉寂，沒入海底。靜靜等待，等待明天的旭日東昇。

只要再等一天，明日清晨，又是個嶄新的開始。此時的天空多了點烏雲，我倒吸口氣，我期待，未來的日子，能將這些人帶給我的感動，化作生命的力量。

がんばってください。甘巴爹！

請加油！我的市場朋友們。

請加油！每一個辛勤工作的台灣人。

國家圖書館出版品預行編目(CIP)資料

台灣味菜市場 / 楊路得著. -- 初版. -- 台中市：晨星, 2018.06
面； 公分. -- (台灣地圖；42)
ISBN 978-986-443-449-7(平裝)

1.飲食 2.文集

427.07 10700608

台灣地圖042

台灣味菜市場——28座台味菜市仔

作者	楊路得
主編	徐惠雅
執行主編	胡文青
助理編輯	陳育茹
校對	楊路得、陳育茹、胡文青
美術編輯	李岱玲
封面設計	李岱玲
創辦人	陳銘民
發行所	晨星出版有限公司 台中市407工業區30路1號 TEL：(04)23595820 FAX：(04)23550581 行政院新聞局局版台業字第2500號
法律顧問	陳思成律師
初版	西元2018年6月20日 西元2021年1月20日（二刷）
總經銷	知己圖書股份有限公司 台北 台北市106辛亥路一段30號9樓 TEL：(02) 23672044 ／ 23672047 FAX：(02) 23635741 台中 台中市407工業30路1號 TEL：(04) 23595819 FAX：(04) 23595493 E-mail：service@morningstar.com.tw 網路書店 http://www.morningstar.com.tw
讀者服務專線	(02) 23672044
郵政劃撥	15060393（知己圖書股份有限公司）
印刷	上好印刷股份有限公司

定價 450 元

ISBN 978-986-443-449-7
Published by Morning Star Publishing Inc.
Printed in Taiwan

圖解台灣 · 文化大小事

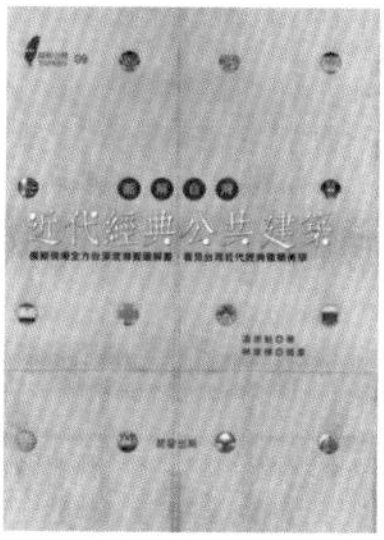
圖解台灣
近代經典公共建築
晨星出版

圖解台灣
城市懷舊
晨星出版

圖解台灣
民俗工藝
晨星出版

圖解台灣
廟宇傳奇故事

鐵道世紀
圖解台灣
走吧！乘坐台灣銀河鐵道，
來趟時空打卡環島之旅
Taiwan Railway
centuries
李欽賢 著

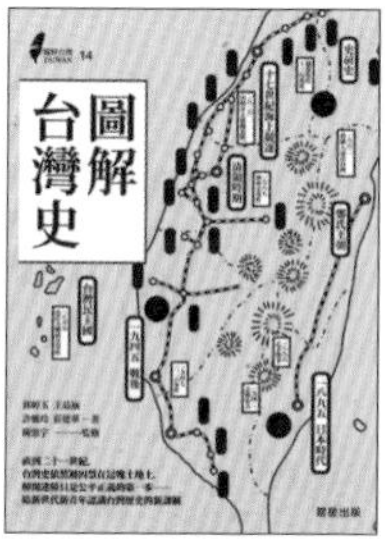
圖解
台灣史
晨星出版

台灣百年鐵道縮影
TAIWAN HUNDRED YEARS
RAILWAY MINIATURE

圖解台灣老地名

圖解台灣
廟宇戲文圖鑑
郭老師廟口說演義
晨星出版

圖解台灣
電影史
1895-2017年

圖解台灣
戲劇史綱
A Theater
History of Taiwan

圖解台灣
傳統宗教文化
Taiwan's Traditional Religious Culture

圖解台灣
十二生肖誌

圖解台灣
老行業與
職人魂

圖解台灣
民間吉祥圖鑑
晨星出版

觀光小鎮
漫遊趣
30

台灣地圖 · 台灣走透透

38條 鐵道舊線 旅行地圖 大公開
台灣舊鐵道散步地圖

台灣古道地圖
北部篇
Historic Trail Map of Taiwan

單車一日小旅行

台灣有機茶地圖

新北登小旅行!

台灣有機生態農園
27

老產業玩出新文創
台灣文創產業與聚落文化觀光誌

Ubike
臺北輕旅行

台灣老屋散策

台灣博物館散步GO
30個最潮博物館群創意觀光路線

新港都舊食光

台灣味
菜市場

尋妖誌

老街誌

TAMSUI-
KAVALAN
TRAILS
淡蘭古道

臺灣小鎮慢騎

美人蕉
冬瓜茶
金桔檸檬
山粉圓
楊桃汁
紅茶
冬瓜茶
青草茶
大發
香酥魷魚
小麥草·石蓮花

My
衣坊
林村

粉圓

宜蘭車站

陳麗冰魚丸店

花生糖

HOTEL

羅東車站